原発がなくても電力は足りる!

検証!
電力不足キャンペーン
5つのウソ

宝島社

はじめに

「電力不足キャンペーン」に隠された「原発のウソ」

電力が足りない、節電をしなければならない、このままでは企業の生産拠点が海外に逃亡する、だから全国の原発を正常に稼動させなければならない……。3・11の「原発震災」以降、東京電力、東北電力管内を中心に「電力不足キャンペーン」が続いている。

東京の駅構内や繁華街では、特設された電光掲示板が電力の使用率を棒グラフにして映し出し、2011年の夏を「節電の夏一色」に塗り替えてしまった。

電力を大量に消費する企業（大口需要家）には、一律15％の使用量カットを義務づける電力使用制限令が発令され、その影響で、経済界は「輪番休業」という苦肉の策を選択。「キャンペーン」は全国にも広がりはじめ、関西電力管内でも、大飯原発1号機（福井県）のトラブルによる停止などを受けて、ピーク時（13～16時）の節電協力（10％以上）をアナウンス（7月1日）している。福島第一原発事故後の安全点検、そして定期検査などの影響で、このままいけば、来春には全国にある54基の全原発が停止するという。

とりわけ「電力不足キャンペーン」の〝拡声器〟になっているのがマスコミだ。

「全原発停止なら家庭の電気代1000円アップ」（読売新聞、6月13日）

「電力5社2兆円燃料増　原発停止で今期赤字相次ぐ公算」（日経新聞、7月26日）

「全原発停止なら…5年後も節電の夏　関西・九州・四国」（朝日新聞、同）

まるで「原発がなければ電力不足で日本はダメになる」とでも言わんばかりだ。

本書は「電力不足キャンペーンのウソ」について指摘しながら、その裏に隠された「原発のウソ」について明らかにするものである。

原発には多くのウソがある。「安全、安心」は最悪のウソで、福島第一原発の事故によってバレてしまったが、それと並ぶくらい大きなウソは、原発はコストの一番安い発電方式であり、原発がゼロになると、電気料金も一気に上がるというものだろう。発電と送電を支配する巨大な電力9社（原発のない沖縄電力を加えれば10社）の独占体制を死守しようとすれば、そうなってしまうかもしれない。しかし電力自由化を進め、電力会社の独占を終わりに導けばどうなのか？

日本の電気料金は、コストをかけるほどに利潤が上がる「総括原価方式」で計算される。だから、使わない電気の発電コストも電気料金に上乗せできる。原発は一度運転を開始すると、出力調整が難しく、消費されるアテのない電気まで発電し続ける過剰な設備だ。

先進国では今、自然エネルギーへのシフトが進んでいる。自然エネルギーと石油や天然ガスによる火力発電、水力発電などをミックスさせ、効率的な発電と送電を実現する技術、考え方も浸透し始めている。


対して日本の電力会社は、送電網を独占し、いまだに電力のピーク時需給量を基準にした過剰な発電体制に固執、そのコストを電気料金に上乗せしている。いわば電気の〝押し売り〟を続けているのが、日本の電力会社なのだ。原発がこうした粗忽《そこつ》なビジネスモデルの根幹を支えているわけだ。

本書は、エネルギー問題の世界的な論客として注目を集めている環境エネルギー政策研究所（ISEP）の飯田哲也所長にコンセプトの監修をお願いしたものである。また、電力行政の舞台裏を知る経済産業省の現役官僚・古賀茂明氏、さらに原発の発電単価が決して安くないという実態について指摘し続けてきた立命館大学の大島堅一教授にもご協力を仰ぎ、お話を伺った。謹んで御礼を申し上げたい。なお、個々の記事に関しては、その文責は編集部が負っている。

原発をこのまま放置しておくと、無駄な社会的コストが膨れ上がり、日本のエネルギー政策は危機に瀕する。より多くの人々にそのことを知ってほしい。

『原発がなくても電力は足りる！』編集部

原発がなくても電力は足りる!

もくじ

第3章 原発は最も安い発電方式のウソ

第4章 原発ゼロで産業衰退のウソ

撮影：金子靖
写真提供：アフロ、共同通信、PANA、朝日新聞、読売新聞、パナソニック
デザイン・図版トレース・制作：株式会社アッシュ
執筆：李策、宮永忠将
編集協力：大竹崇文

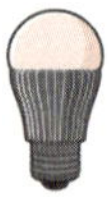

第1章

電力不足キャンペーンのウソ

EPA=時事

原発推進のための巨大な世論操作

「電力が足りない」のトリックを明かす!

福島第一原発の過酷事故が収束しないなか、電力会社と経産省、御用マスコミが総出で演出してきた「電力不足」。結局、それは節電を国民に強いて、原発がなければ日本はダメになるという虚構をすり込むためのプロパガンダにすぎない。

談━飯田哲也（環境エネルギー政策研究所所長）

揚水発電の潜在力を隠して電力不足をプロパガンダ

もしかしたら２０１１年の夏は、わが国の歴史のなかで長く記憶されることになるかもしれません。といっても、「みんなで電力不足とたたかった夏」とか、「節電で辛かった夏」としてではありません。「電力業界や政府の操るウソに、もはや騙されなくなった夏」として記憶されるのです。

東日本大震災の発生後、東京電力が発表してきた電力の需給見通しを見ると、同社の供給力は、今夏の需要のピークをわずかに上回っているのみ【グラフ1】。それも東北電力に電力融通を行なえば、需要と拮抗してしまいます。これが事実なら、何かの拍子に電力需要が跳ね上がるようなことがあると停電してしまう可能性があります。

しかしこの数字には、トリックがあります。揚水発電の供給力が、過少に計上されているのです。

東電管内における揚水発電の設備容量は合計１０５０万ｋＷになりますが、供給力見通しでは7月中旬においてすら７００万ｋＷしか計上されていません。残る３５０万ｋＷをフル動員すれば、たとえ震災のダメージの大きい東北電に融通したとしても予想される最大需要をクリアすることができるのです。

揚水発電は、それ自体を動かすのにも電力を使います。(余剰電力を使い)夜間にポンプで水を高い所に汲み上げておき、昼間の需要増大時に水力発電を行なうもので、一種の蓄電池の役割を果たすわけです。夜間にポンプを動かすだけの余剰供給力が必要となるため、福島県の原発のみならず一部の火力や水力も停止していた震災直後には、「設備の精査のため揚水を供給力見通しに計上できなかった」と言い訳する余地もありました。

しかしその後、火力・水力発電所の復旧などで東電の供給力は増強され、7月中旬には380万kWの供給力を持つ広野火力発電所(福島県)も運転再開にこぎつけました。この段階にきて、なおも揚水発電の供給力を過少に計上するとは、東電は意図的に電力供給能力を隠し、「電力不足キャンペーン」を演出していると断じざるを得ないのです。

経済産業省もグルになった"詐欺的"な数字操作

こうした検証は、東電や官公庁が発表しているデータを丹念に拾うことで、ほとんど誰にでもできます。それにもかかわらず、彼らは「電力不足のウソ」の上塗りをやめようとはしません。

さらにタチの悪いことに、ここには経済産業省まで加担しています。

東電は震災前、今夏の最大需要を5750万kWと見積もっていました。ところが、経産省はなぜか、記録的に暑かった昨年(2010年)の6000万kWという数字を使い続けています。日本全体でいうなら、電力各社が震災前に想定していた需要の合計はせいぜい1億7100万kWです【グラフ2】。それに対し、観測史上最も暑かった夏の数字を使った経産省の予想は、1000万kWも上回っています。経産省の傘下にある日本エネル

グラフ1 震災後の電力供給力の見通し

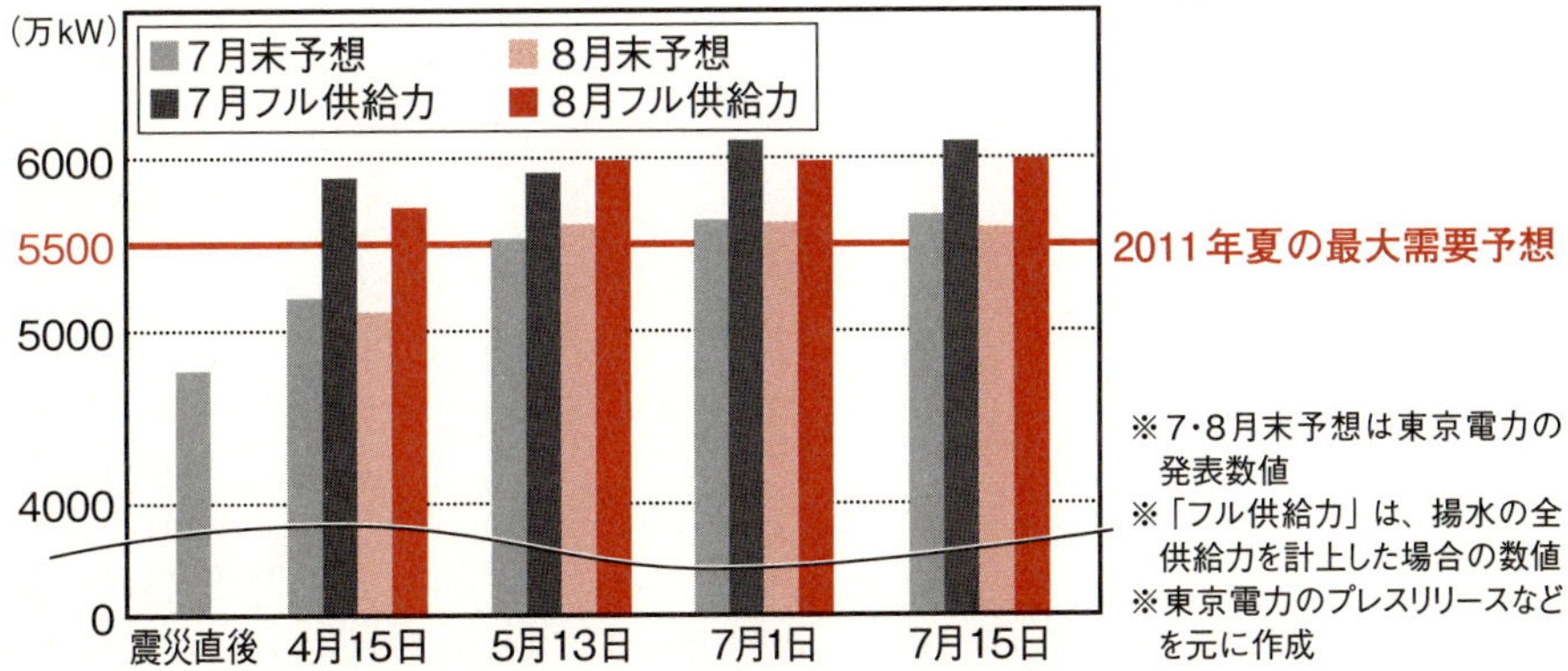

※7・8月末予想は東京電力の発表数値
※「フル供給力」は、揚水の全供給力を計上した場合の数値
※東京電力のプレスリリースなどを元に作成

グラフ2　バラバラな電力需給の想定数値

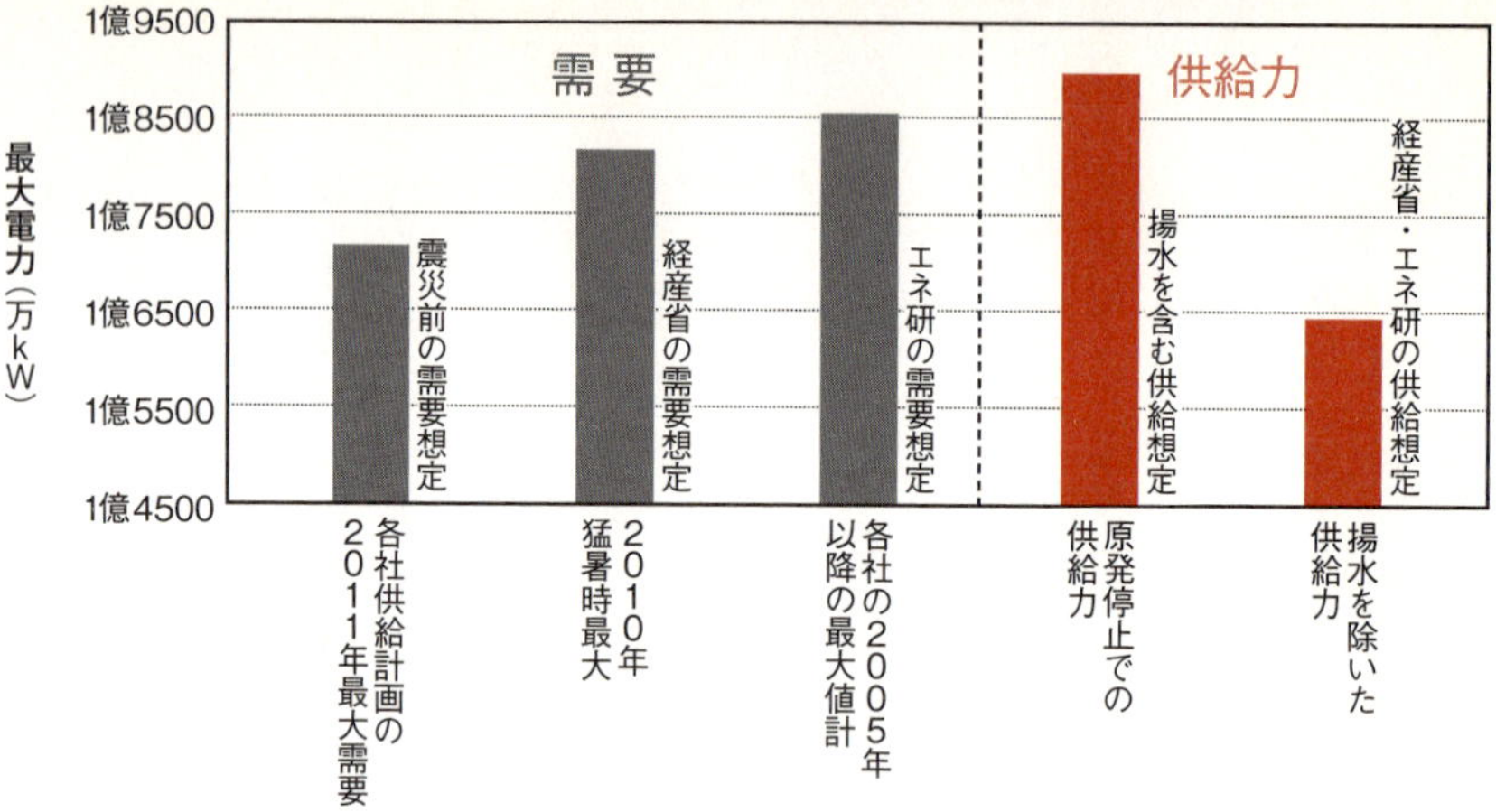

ギー経済研究所にいたっては、リーマンショック前の、日本企業の生産活動がはるかに活発だった頃の数字を使っているために、経産省よりさらに大きな数字を出しています。

なおかつ、供給力については揚水を除いて試算しているために、需給の数字を並べてみると「どう見ても足りない」となるのは当たり前です。公共的な主体のやることとしては、「詐欺的」とすら言える行為です。

とはいえ震災直後には、東電も経産省もパニックのなかにあり、電力不足を演出するどころではなかったのも事実です。4月下旬には当の東電が、供給力の上積みに胸をなでおろす場面もありました。政府もそれを受け、大口利用者に求めた節電目標を昨年比25%から15%に引き下げ、夏場にも計画停電をしなくてもすむといった見通しを立てていました。

ところが、5月半ばにさしかかると雰囲気が一変し、「電気が足りない」の大合唱が始まったのです。きっかけになったのは、まず間違いなく、菅直人首相が東海大地震への備えとして行なった中部電力・浜岡原子力発電所の停止要請（5月6日）でしょう。

これを受け、6月10日には関西電力が、夏場の15%節電要請を発表します。その3日後には日本エネルギー経済研究所が、「家庭の電気料金が月平均

菅首相の浜岡原発停止宣言は大きな波紋を呼んだ（ロイター／アフロ）

1000円上がる」といった試算を公表しました。すべての原発を停止すると、火力の燃料代がかさむから、との理屈です。そして17日には中部電力も、浜岡原発の運転再開が遅れれば、値上げもあり得ると言い出しました。

はっきり言って、これらはすべてウソです。それぞれのウソの中身については、本書のなかでじっくり検証していきます。

「原発は日本のベース電力」は単なるフィクション

電力会社や経産省による「電力不足キャンペーン」の背景にあるのは、ひとことで言って、全原発停止に対する恐怖です。

これから全国の原子炉は、定期検査で次々に止まっていきます。検査を終えたものが世論の反対で運転再開できなければ、全国に54基ある原子炉は1年後にはすべて止まってしまうのです。

彼らの危機感は、どこからくるのでしょうか？

本人たちの主張は、「原発は日本のエネルギー需要を支えるベース電力だから、それを止めたら大変なことになる」というものです。

エアコンの使用が増える夏の場合、電気の使用量を時間帯別に見ると、昼間と夜とでは2倍以上の差があります。電力会社は需要に応じて、発電所を運転したり、止めたりしていますが、常に絶えることのない一定量の需要を支えているのがベース電力なのです。

電力会社の業界団体である電気事業連合会（電事連）は、ベース電力に原子力と水力を当て、変動する需要に追従して出力を上げたり下げたりする役割を火力や揚水に与える仕組みを、電力の「ベストミックス」と呼んでいます。原子力をベース電力としている理由については、「燃料供給および価格安定性に優れているから」としています。

しかし第3章でくわしく見ているように、原子力が価格面で優れているというのは、まったくの作り話です。電事連や政府は、都合よく操作したデータをもって、原子力が火力や水力より安上がりであるかのように装ってきました。実際には、研究開発費や立地対策など、年間約4000億円も投入されている財政支出（税金）をコストに足し合わせて計算すると、原子力が実に割高であることがわかるのです。

また、電力業界はこうも主張してきました。

「地球温暖化対策を考えれば、ベース電力はCO_2（二酸化炭素）を多く出す火力より原子力が有利。CO_2を出さない自然エネルギーは供給が不安定だから向かない」

これを補強するために、世に流布されているイメージが【図1】です。いつも安定的に発電を続け需要をしっかり支える原子力の〝頼もしさ〟を強調する構図になっています。

一方、スペインの1週間分の受給変動を描いた図を見てみると、日本の原発のように、土台を平に保っている電源はありません【図2】。これは同国が、天候によって大きく変動する自然エネルギーをベース電力として考えているからです。

それでもスペインでは、停電が頻繁に起きるなどといった不都合は起きていません。

少し考えればわかることですが、たとえ原発の電力供給が安定しているとしても、需要が伸び縮みする以上、その変動分は、自在に出力を調整できる電源で埋め合わせるほかないのです。

特性上、一度運転を始めたらフル稼働しているしかない原発には、その役割は果たせません。つまり、グラフ上でベース電力が平に描かれていようが、デコボコしていようが、火力などの出力調整で需要との差を埋め合わせる必要があるという点で、原発も自然エネルギーも同種と言えるのです。

また、下の図を見ると、原発は夜間の需要をちょうどよく満たしているよ

図1　原発をベース電源と錯覚させる電源の組み合わせ「モデル」

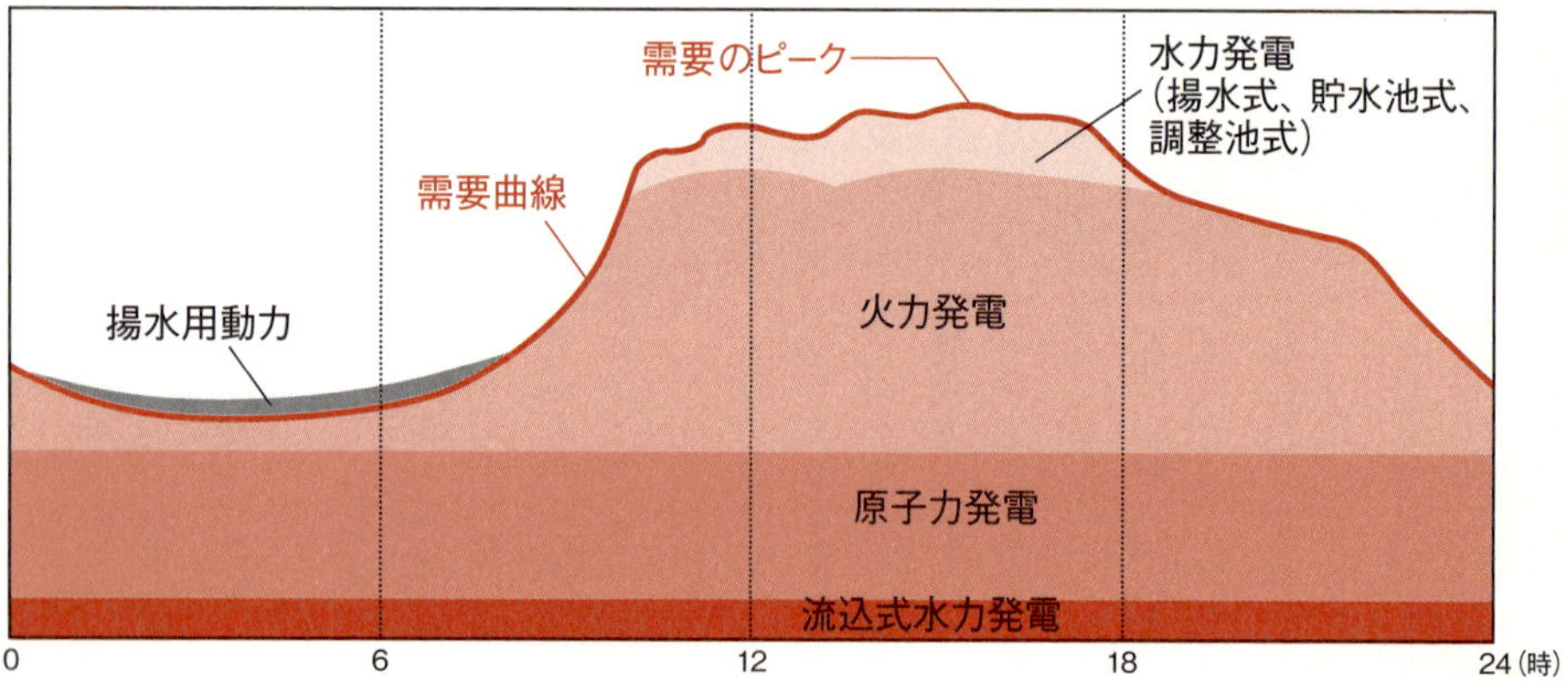

※出典:資源エネルギー庁「原子力2004」

図2　自然エネルギーがベース電力となるスペイン

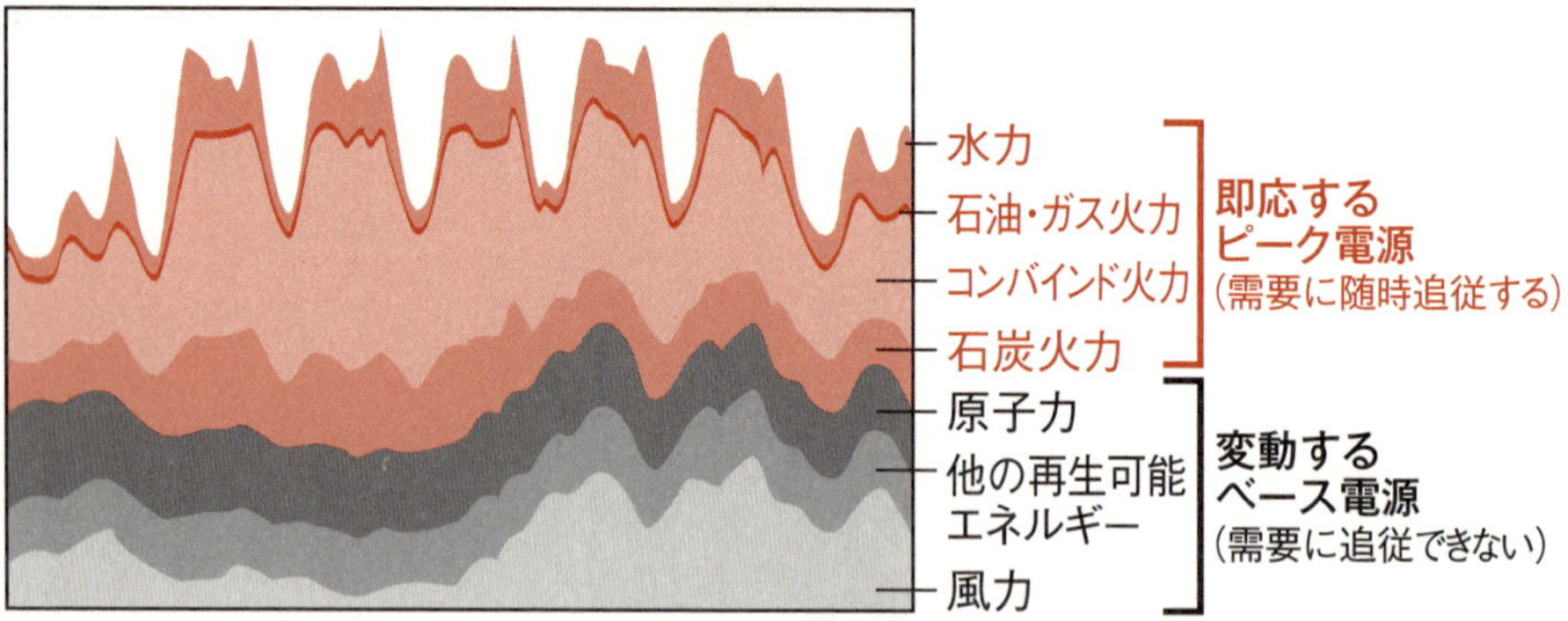

※2008年4月中旬1週間の供給電力構成
※出典:日本風力発電協会

うに見えますが、現実には季節や天候によって、かなりの量の電気が余ってしまいます。原発は出力を上げたり下げたりできないために、時間帯によっては電気をつくりすぎてタレ流すことになります。それが「もったいない」ということで、原発に付帯してつくられているのが揚水発電なのです。

節電を国民に強要して原発再稼動を狙う欺瞞

電力業界は、つくりすぎた電気をタレ流す原発が止まってしまったことを口実に、揚水発電の供給力を隠してきました。しかし夜間に火力発電所を運転すれば、揚水発電は供給力にカウントすることができます。たとえ燃料費がかさむとしても、これまで「電力の安定供給が使命」と自任してきたのならば、それを全うするためにあらゆる手段を動員して当然でしょう。

しかし彼らはあっさりとその責任を放棄し、無差別テロのような計画停電や「電力不足キャンペーン」で、負担をユーザーに押しつけてきました。その結果が、厳しい罰則のある電力使用制限令や、生産活動に重大な影響を与えている輪番休業なのです。

しかも彼らは、負担をわれわれに押しつけるだけでなく、それを原発再稼動に利用しようとしています。これは「大停電が起きるかも」という脅しでユーザーの事業や生活を人質にとり、原発から得ていた自らの利益を死守しようとする行為と言えます。

くわしくは第2章で述べられていますが、電力会社は原発をつくればつくるほど儲かり、そのツケはすべてユーザーに転嫁できる〝利権〟を握ってきました。彼らが原発の停止を食い止めるために手段を選ばないのは、これを失うことを恐れるからなのです。

また彼らは、この利権があるが故に、すべてを自前で調達しようとします。

高度経済成長期のように、電力消費量が年々増加しているならば、供給力を多めに整備しても「合理的」と言えたかもしれません。しかし今、日本の電力消費は減少する傾向にあります。こんな時代に、夏場のほんの短時間のピークをしのぐためだけに、巨大で使い勝手の悪い設備を持つ必要はないのです。

われわれだって、海外旅行用の大きなスーツケースのように、めったに使わないものはレンタルします。それと同じように、瞬間的な需要の増大に対しては、電力を市場で調達して乗り切る仕組みをつくっておけばよいのです。

そこで使えるものとして、企業などが持つ自家発電設備の余剰分、いわゆる「埋蔵電力」があります。今、自家発電能力は日本全体で6000万kWほどあり、その稼働率は46%ほど。つまり埋蔵電力は3240万kWにも達し、これは原発36基分に当たります。これを有効に活用すれば、原発をすべて止めても必要な電力を賄うことはできるのです。

温暖化問題への対応は省エネ手法「DSM」で

ただ、電力の供給力が足りているといっても、今後しばらくは火力発電への依存度が高まらざるを得ません。そうなると、2つの問題にぶち当たります。

ひとつは、温暖化への対応です。CO_2排出量を考えれば、石油や石炭を燃やし放題というわけにはいきません。

もうひとつが、コストの問題です。

化石燃料の輸入額は2008年で23・1兆円と、GDPの4・6％に達しています。その輸入額が増えれば増えるほど、貿易収支は悪化します。これまで、政府の赤字国債発行を支えてきた巨大な個人金融資産は、貿易での黒字を貯め込むことで形成されたものだと言うことができます。つまり、化石燃料の輸入負担の増大は、政府の財政危機を助長することにつながり、震災復興の足かせとなりかねないのです。

これらの問題を回避するためにも、電力の需要家側の管理が欠かせません。欧米で1980年代から取り組まれている、デマンドサイド・マネジメント（DSM）と呼ばれる省エネ手法です。

原子力発電を延命させればさせるほど日本のエネルギー需給は危機に瀕する

具体的には、家庭および中小オフィスビルなどの小口電力（50kW以下）については、直接的に協力を求めます。「お願い」という啓発ベースではなかなか進まないので、アンペアブレーカーを変更し、一律2割程度――たとえば、60アンペアなら50アンペアに、50アンペアなら40アンペアに、といった具合に引き下げるのです。家庭の電力使用量は常にフルアンペアではないので、一気に2割の節電ができるわけではありませんが、ピーク時の使用量を押し下げる効果はあるでしょう。

また中小事業者に対しては、「ピーク料金」を適用する方法もあります。電気需要のピーク時に課徴金（サーチャージ）を上乗せし、ピーク需要が25％程度引き下げられるような価格設定を行なうのです。

といっても、単にピーク時の料金を上げるだけでは、世の中から不満も出るでしょう。重要なのは、ピーク料金に乗せられる課徴金を、東電や国の収入にせず、中小事業者に節電メリットが出るように、省エネ投資への補助金に充てることです。そのような形で資金を民間に還流させれば、翌年の夏に向けて省エネ投資がどんどん進み、GDPにもプラス効果が働きます。

グラフ3　世界の原発の平均寿命はわずか22年

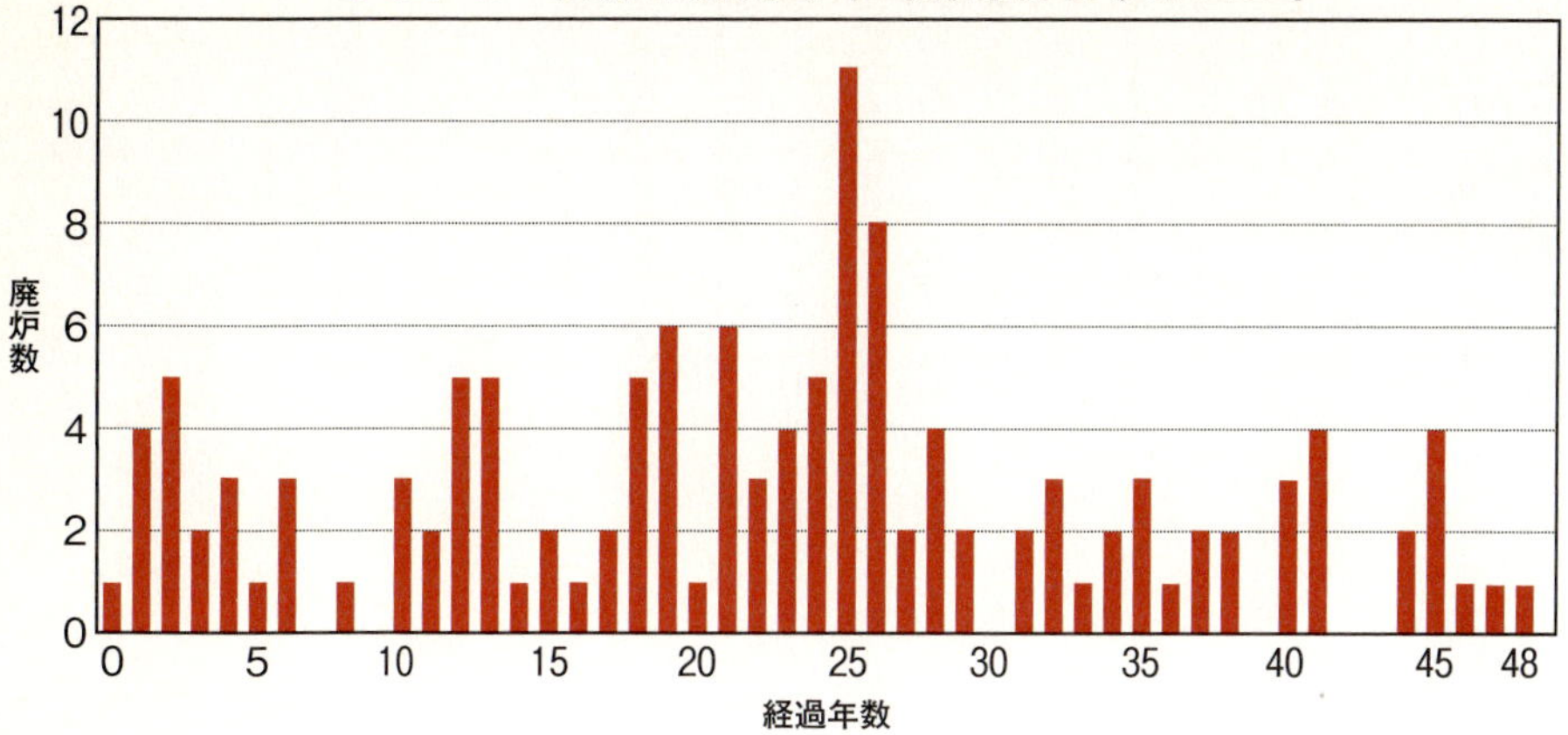

日本の電力の常識は世界のエネルギーの非常識

原発利権にあぐらをかく人々がいかに抵抗しようとも、今後、原発の電力シェアは急速に低下していきます。なぜなら日本の原発は、震災でダメージを受ける前から、深刻な老朽化問題を抱えていたからです。

原発は最初に30年の運転期間を認可され、その後は10年ごとに延期を判定することになっています。ところが原発利権を握る、産・官・学の連合体、いわゆる「原子力ムラ」の人々は、大した根拠もなく「100年使える」などと言い張ってきました。

しかし、過去に世界で閉鎖してきた原子炉約130基の平均寿命はわずか22年【グラフ3】。また、経年に比例して事故トラブルが増えている事実もあります。

すでに新たな原発の建設が世論に受け入れられなくなっている以上、日本の原発は急速な縮小が避けられません。今後10年で、全体の発電量に対し10〜0%の水準まで低下するはずです。

震災前に掲げられていた「2030年までに発電量の50%を原子力発電でまかなう」という、昨年策定されたエネルギー基本計画は、ほとんど根拠もない妄想的な計画であり、白紙に戻して見直されるのはむしろ当然でしょう。

つまり、原発を止めるから電力が足りなくなるのではなく、「日本の基幹電源は原発」などという過去の幻影にとらわれていることの方が、日本のエネルギー需給にとってはよほど危険なことなのです。

私はこの際、エネルギーの軸足を原発から自然エネルギーに移す、大胆な〝エネルギーシフト〟を目指すべきだと考えています。

それを実現する第一歩として、ウソで塗り固められてきた「日本の電力の常識」から脱却し、世界に通じる真実の「エネルギーの常識」を備えることが、今こそ必要なのです。

日本全国電力MAPに見る「全原発停止でも電力は十分まかなえる」

東日本大震災後、次々と止まっていった全国の原発。その都度、「電力不足」が声高に叫ばれたが、ふたを開けてみれば、原発がなくても電力は十分間に合うことが浮上してきた。

国民一丸となった節電努力で予想を下回った需要

全国に54基ある原子力発電所が次々と停止しても、電力は不足しなかった。

未曾有の電力不足に直面したと騒がれた日本、とりわけ大震災が直撃した東日本は、結局、柏崎刈羽原発の1号機と5号機から7号機以外の原発が停止したままでこの夏を乗り切ってしまった。

ここでひとつ、大事な数字を確認しておきたい。世界史に残る空前の原発事故を引き起こした東京電力が出した数字だ。

7月26日現在、同社は「今夏の需給見通しと対策について」というプレスリリースを、都合7度提出している。さまざまな電源復旧によって、東京電力の電力供給量予測は微増を繰り返し、第6回のプレスリリースでは、最大供給力5720万kWと公表した。しかし、7月末までに起こると想定される1日当たりの電力最大需要5500万kWという数字だけは一度も変えなかった。酷暑の記憶も新しい2010年夏に5999万kWの最大需要を記録【表1】したことに鑑み、震災被害での需要減と節電効果を考えても5500万kWは消費されるはずだというのが東電の読みだった。

この予想は大きく外れる。7月26日現在で東電管内での需要ピークは、7月15日午後2時に記録した4627万kWである。この調子なら、おそらく5000万kWに届くことも稀だろう。国民一丸となった節電努力がもたらした数字だと言えよう。

3・11後も十分間に合った東日本の電力状況

左ページの【表2】、そして18〜19ページの地図もあわせて、ご覧いただきたい。結論から言うと、原発なしでも電力不足はほぼ乗り切れる。それを踏まえて、全国の電力状況を眺めておきたい。

まずは東日本の電力3社（東電、東北電力、北海道電力）を見てみると、各社の原発が壊滅状態になっていること

表1 東電管内におけるピーク時の最大電力需要量

発生年月日	最大電力	最大3日平均
2007年8月	6147万kW	6037万kW
2008年8月	6089万kW	6035万kW
2009年7月	5450万kW	5387万kW
2010年7月	5999万kW	5961万kW
2011年計画	5755万kW	—

※出典:資源エネルギー庁の電力統計より

表2 全原発を停止しても夏の電力不足はない

電力会社	供給力(原発除く)	供給力(原発、揚水除く)	最大需要電力
北海道電力	624万kW	584万kW	547万kW
東北電力	1321万kW	1275万kW	1380万kW
東京電力	**5608万kW**	4574万kW	**5500万kW**
中部電力	3059万kW	2724万kW	2637万kW
北陸電力	622万kW	622万kW	526万kW
関西電力	2912万kW	2424万kW	2956万kW
中国電力	1425万kW	1212万kW	1135万kW
四国電力	596万kW	528万kW	550万kW
九州電力	1777万kW	1607万kW	1669万kW
沖縄電力	224万kW	224万kW	144万kW

※北海道電力の最大需要は冬期、東北電力は全原発が停止中
※2011年5月9日時点(環境エネルギー政策研究所のリリースより)

がはっきりわかる。3・11の東日本大震災では、メルトダウン事故を起こした福島第一原発のほかにも、福島第二原発、女川原発、東通原発が完全に停止した。首都圏を含む東電管内のことばかりがニュースになるが、東電については20～21ページにくわしい説明があるので、ここでは東北電を見ておきたい。東北電では、最大需要予測１３８０万ｋＷに対して１３２１万ｋＷの供給能力だが、新日鐵釜石製鐵所や三菱製紙など、大型の発電施設を持つ工場がフル稼働で電力を供給したことで、50万ｋＷ程度の上積みが期待できるようになった。さらに、最後の手段として東電が最大１４０万ｋＷ融通することになったが、果たして東電はいつからこのような供給余力が確保できる見通しを立てたのか判然としない。しかし、7月26日現在、ピーク需要の最大実績は7月13日午後2時の１１７６万ｋＷ。これは東北電の予測を２００万ｋＷ近くも下回った数字だ。よって、夏の〝電力不足〟は回避できたといってよい。

北電は8月末まで泊原発2号機が稼働している。むしろ北電にとっての山場は冬場だろう。北海道独特の事情として、冬場に需要ピークが来るからだ。しかし定期検査中の泊原発1、3号機の再稼働がないとしても、逆に電力に余裕が出る本州側から最大60万kWの融通が受けられるので、停電は考えにくい。

西日本にも拡大する電力不足キャンペーン

大震災で思わぬとばっちりを受けたのは、沖縄を除く西日本の電力各社かもしれない。

まず5月6日、政府の停止要請で中部電力の浜岡原発が全停止した。しかし、もともと同原発では、廃炉手続きで2004年から1、2号機が停止していたこともあり、中部電力自体の原発依存度が低い。この管内は問題なく乗り切れる。脱原発のモデルになるのはこの会社かも知れない。

一方で関西電力の事情は違う。7月末に大飯、高浜原発の各4号機が定検入りで停止しているほか、7月16日には調整運転中の大飯原発1号機が冷却装置のトラブルで停止、急速に供給事情が悪化した。これを受けて、7月20日、ついに政府が前年比10%の節電を関電管内の各企業、家庭に要請する事態となった。敦賀や志賀で事故停止している原発もある関係で、再稼働のハードルも高い。

さらに7月にはストレステストを巡る政府内のごたごたで、九州電力の玄海原発2、3号機、四国電力の伊方原発3号機の再稼働が延期となった。やらせメール事件を起こした九州電力では原発停止が長期化するだろう。西日本全体にも節電ムードが拡大しそうな流れだ。

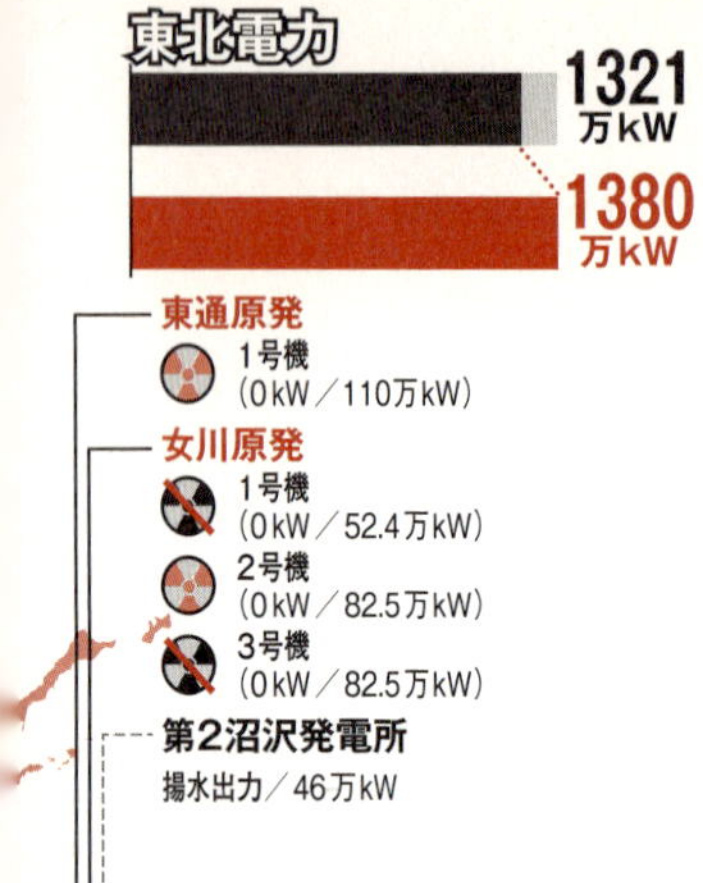

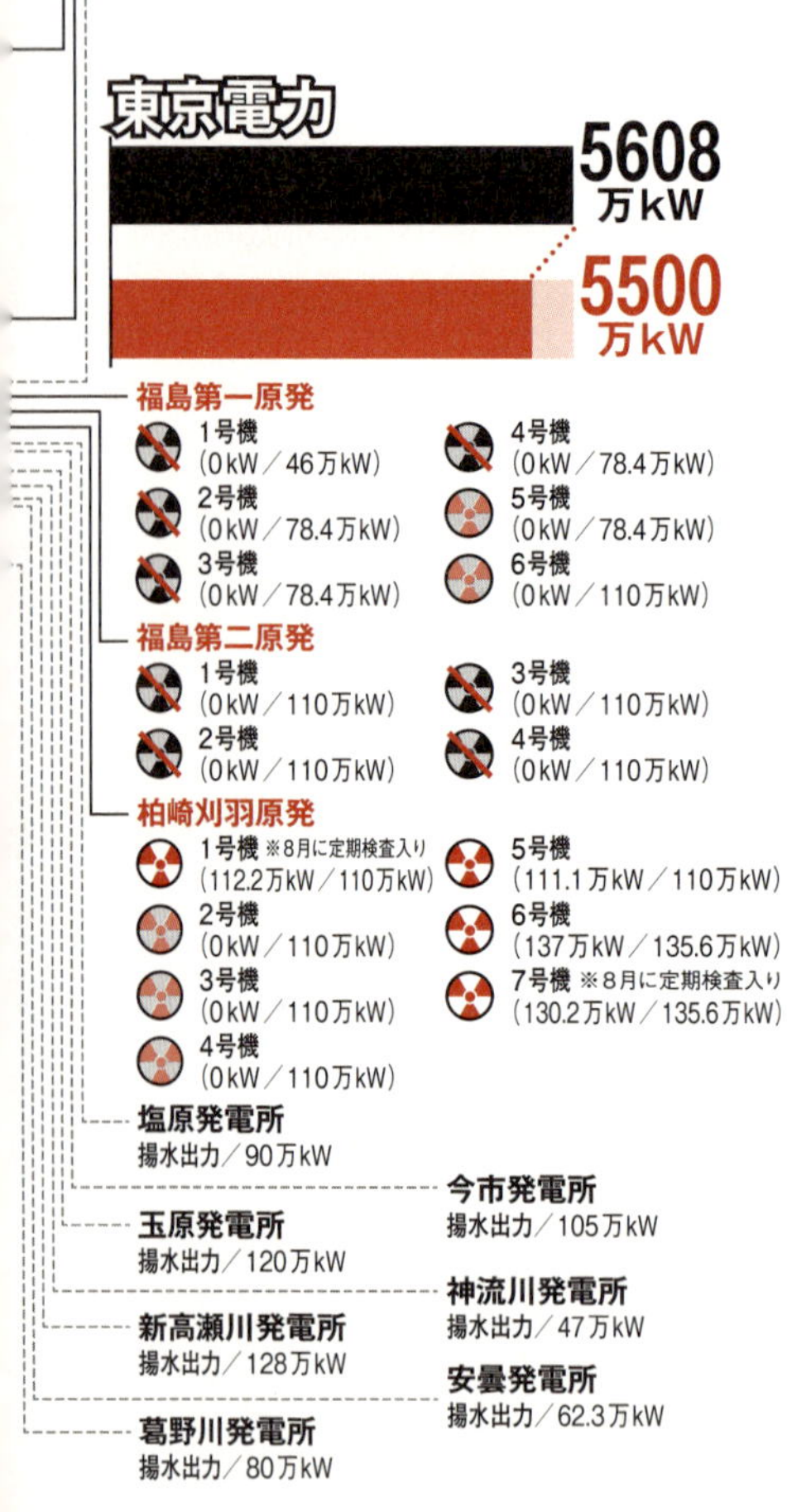

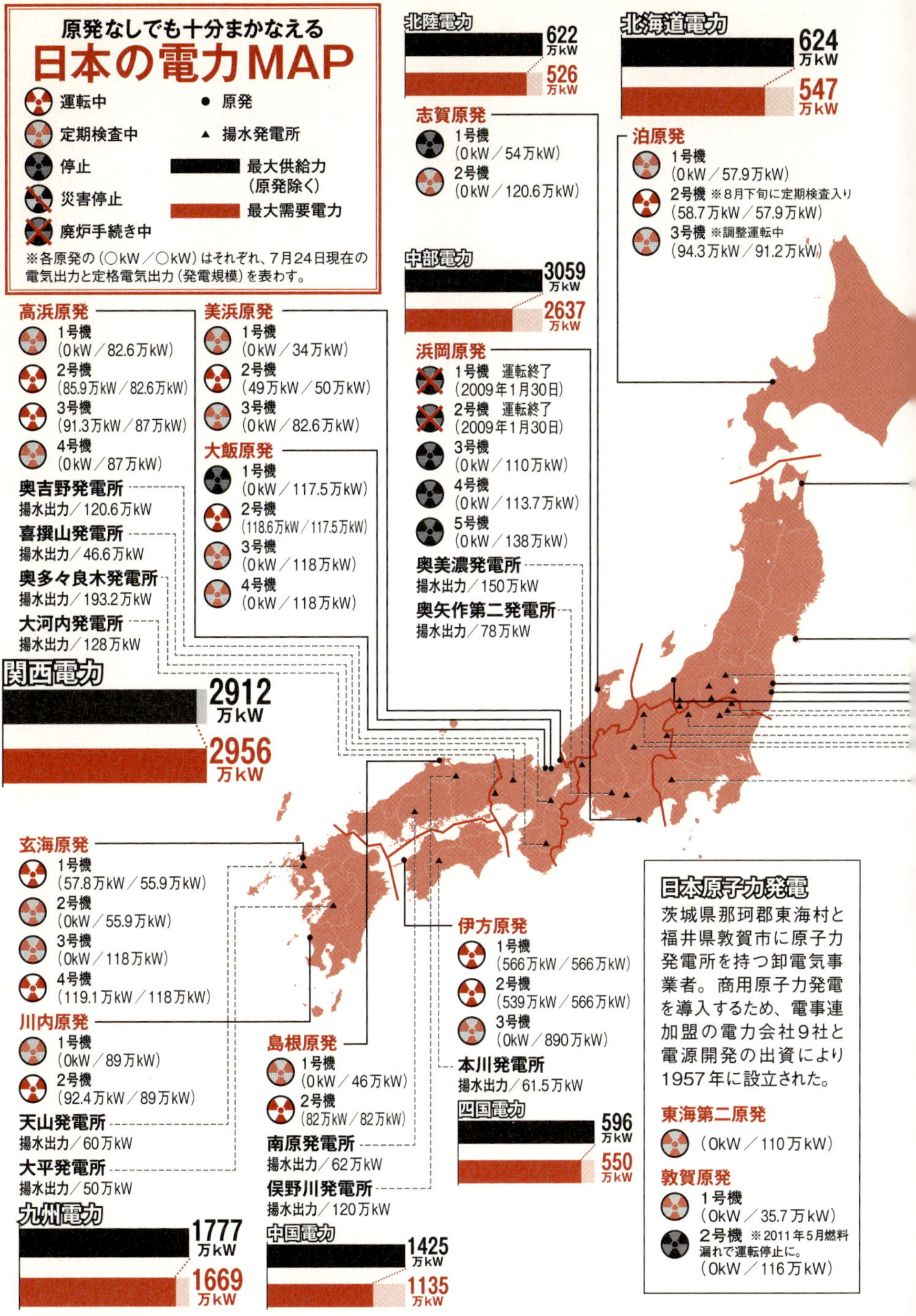
原発なしでも十分まかなえる
日本の電力MAP
運転中
定期検査中
停止
災害停止
廃炉手続き中
● 原発
▲ 揚水発電所
最大供給力（原発除く）
最大需要電力
※各原発の（○kW／○kW）はそれぞれ、7月24日現在の電気出力と定格電気出力（発電規模）を表わす。
北陸電力
622万kW
526万kW
志賀原発
1号機（0kW／54万kW）
2号機（0kW／120.6万kW）
北海道電力
624万kW
547万kW
泊原発
1号機（0kW／57.9万kW）
2号機 ※8月下旬に定期検査入り（58.7万kW／57.9万kW）
3号機 ※調整運転中（94.3万kW／91.2万kW）
中部電力
3059万kW
2637万kW
浜岡原発
1号機 運転終了（2009年1月30日）
2号機 運転終了（2009年1月30日）
3号機（0kW／110万kW）
4号機（0kW／113.7万kW）
5号機（0kW／138万kW）
奥美濃発電所
揚水出力／150万kW
奥矢作第二発電所
揚水出力／78万kW
高浜原発
1号機（0kW／82.6万kW）
2号機（85.9万kW／82.6万kW）
3号機（91.3万kW／87万kW）
4号機（0kW／87万kW）
美浜原発
1号機（0kW／34万kW）
2号機（49万kW／50万kW）
3号機（0kW／82.6万kW）
大飯原発
1号機（0kW／117.5万kW）
2号機（118.6万kW／117.5万kW）
3号機（0kW／118万kW）
4号機（0kW／118万kW）
奥吉野発電所
揚水出力／120.6万kW
喜撰山発電所
揚水出力／46.6万kW
奥多々良木発電所
揚水出力／193.2万kW
大河内発電所
揚水出力／128万kW
関西電力
2912万kW
2956万kW
玄海原発
1号機（57.8万kW／55.9万kW）
2号機（0kW／55.9万kW）
3号機（0kW／118万kW）
4号機（119.1万kW／118万kW）
川内原発
1号機（0kW／89万kW）
2号機（92.4万kW／89万kW）
天山発電所
揚水出力／60万kW
大平発電所
揚水出力／50万kW
九州電力
1777万kW
1669万kW
島根原発
1号機（0kW／46万kW）
2号機（82万kW／82万kW）
南原発電所
揚水出力／62万kW
俣野川発電所
揚水出力／120万kW
中国電力
1425万kW
1135万kW
伊方原発
1号機（566万kW／566万kW）
2号機（539万kW／566万kW）
3号機（0kW／890万kW）
本川発電所
揚水出力／61.5万kW
四国電力
596万kW
550万kW
日本原子力発電
茨城県那珂郡東海村と福井県敦賀市に原子力発電所を持つ卸電気事業者。商用原子力発電を導入するため、電事連加盟の電力会社9社と電源開発の出資により1957年に設立された。
東海第二原発
（0kW／110万kW）
敦賀原発
1号機（0kW／35.7万kW）
2号機 ※2011年5月燃料漏れで運転停止に。（0kW／116万kW）

「でんき予報」の怪しい「ピーク時供給力」

2003年、東京電力の原発トラブル隠しをきっかけに東電管内の全原発が停止、それをきっかけに導入された「でんき予報」だが、当時、東電管内の全原発が停止しても、ここまで「でんき予報」の数字が露出することはなかった。

どれだけ電気が使えるかは いっさい数字に表れない

震災後、街頭モニターやウェブサイトを通じてすっかりおなじみになった「でんき予報」だが、この本を読者の皆さんが目にする頃には、もう話題にさえなっていないかも知れない。

過去のデータや天候をもとに電力会社が電力需給の見通しを示し、需要家の節電意識を高めるのが、でんき予報の狙いだ。しかし、電力不足が最も懸念されている夏本番の7月下旬になっても、供給力にはずいぶん余裕がある。いわゆる「計画停電」は行なわれなかったし、今後もそのような気配はない。

そもそもでんき予報は、予報とは名ばかりの、実に乱暴な電力不足キャンペーンだ。データの使い方からしておかしい。

でんき予報が突きつけてくるデータには現在の電気使用量と電力会社のピーク供給力、そして両方から計算した電力使用率しか出されていない。だが、この数字を鵜呑みにしてよいものだろうか。でんき予報からは本当に知りたいデータ、つまり、どれだけ電気を使うことができるのかという、電力会社の本当の電力供給力が意図的に隠されていたからだ。

猫の目のように変わる 電力のピーク供給力

東日本大震災直後、東京電力は今夏の電力供給力を４６５０万ｋＷと公表した。夏場の需要が最大５５００～５７００万ｋＷと見込まれることから、大停電は必至という情勢だった。

しかし、停止中の火力発電所が再稼働したり、揚水発電という隠し球があったりと、供給力予測は段階的に上昇を続け、５月下旬の見通しでは、揚水発電を加えると６０００万ｋＷの数字が出されている。実は１５００万ｋＷも上乗せされていたのだ。

ところが、7月14日のでんき予報では、最大使用量４５５０万ｋＷに対し、ピーク時供給力を５２７０万ｋＷとして、電力使用率を86・3%と見積もっている。これでさえ、ずいぶんな余裕を

でんき予報の仕組み

2003年に東電の原発トラブル隠しが発端となり、原発が停止したのを受けて導入された。需要家の節電意識を高めるための措置だった。2009年9月に終了したが、東日本大震災での供給力急減の結果、再度導入されている。2007年7月16日に新潟県中越沖地震で柏崎刈羽原発が自動停止した際も注目を浴び、原発トラブルと不可分な存在となった感がある。

また、これまでは東京電力管内だけの措置だったが、今夏は全国各地の原発再稼働の不良を受けて、中部、関西、九州、東北、北陸各電力会社でも導入されている。

7月14日(木)の電力の使用状況グラフ(東電エリア内)

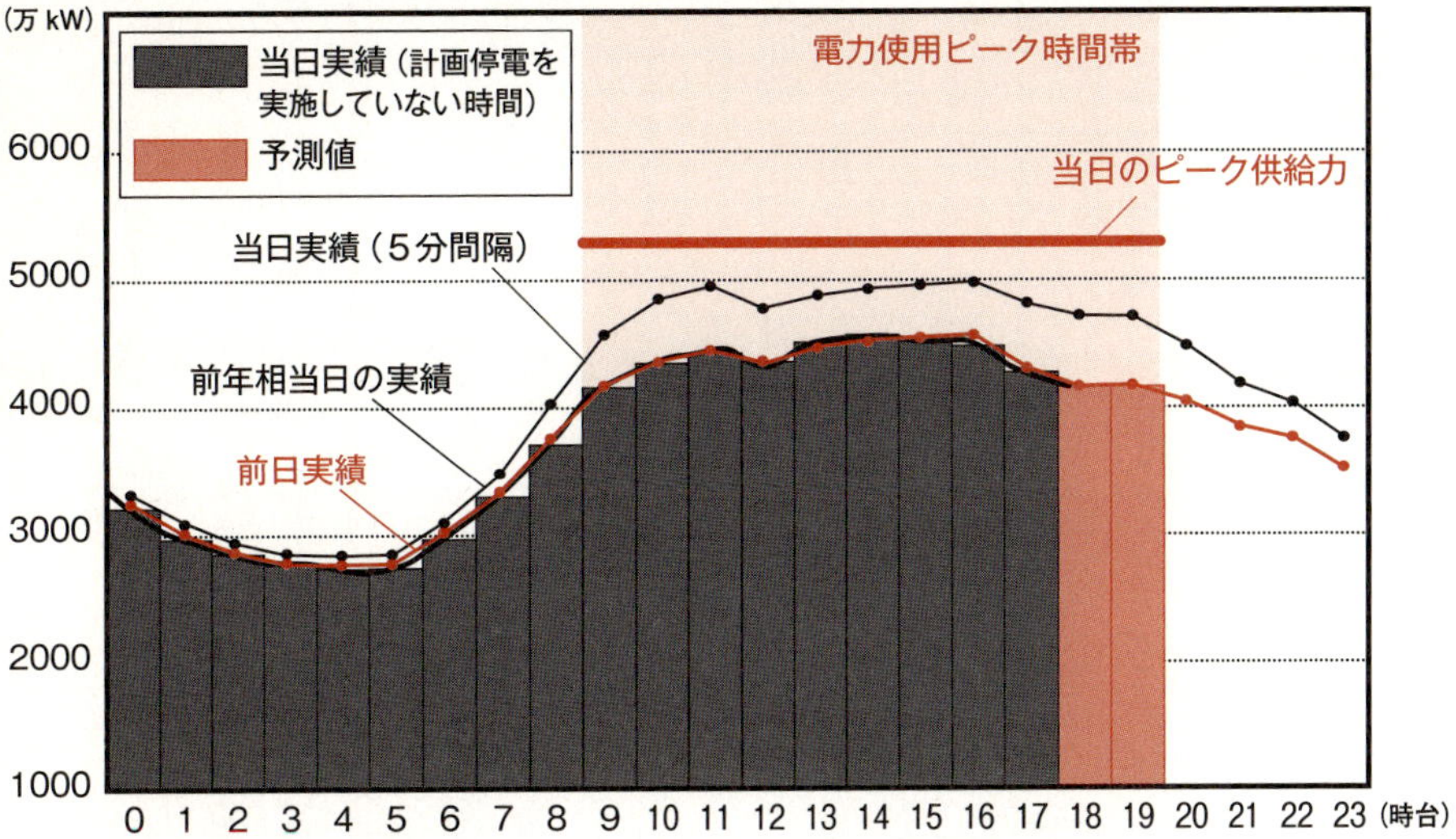

当日のピーク時供給力:
5270万kW
7月14日 8時30分想定

当日の予想最大電力:
4550万kW(14～15時)
7月14日 8時30分想定

感じるが、ここに6000万kWという数字を当てはめれば、使用率は75・8%にまで低下する。

でんき予報が告知するピーク供給力については、わかりやすい説明は見られない。

これでは電力不足をアピールして原発再開への道筋を残すために、ピーク供給力を低く見積っているのではと思われても仕方がないだろう。

そもそも、東電で原発のトラブル隠しが発覚し、2003年夏に電力不足が叫ばれた結果、慌てて東電が持ち出したのがでんき予報であり、2009年9月にひっそりとやめている。加えて2003年には東電管内で全原発が停止したが、ここまで大げさな節電キャンペーンも、電力不足キャンペーンも行なわれなかった。

電力の安定供給は、電力会社の社会的使命だ。今回、需要家の関心を東電への批判から逸らすのが狙いならば、顧客に対する裏切り行為である。

電力配分の融通がきかない 10電力体制の大罪

10の電力会社が管理、運営を行なう独特の地域独占電力体制。自社管内の送電にしか目を向けないシステムで発送電を行なってきたため、今やそれが日本全体の足かせになっている。

東日本と西日本では なぜ周波数が違う?

戦前の日本には地方ごとにさまざまな電力会社があったが、終戦時には「日本発送電」と地方9社の配電会社に集約されて国家管理になっていた。これが戦後、東邦電力社長の松永安左エ門の〝強腕〟によって1951年に現在の電力会社各社につながる9ブロック分割民営化への道筋が付けられた。これに返還された沖縄の沖縄電力を加えた「10電力体制」のもとで、日本の電力は管理、運営されている。

日本の電力会社の特徴は「地域独占」にある。世界的に見た場合、発電と送電は別会社、別組織というのが主流だが、日本では発送電を一貫して管理する地域独占企業という珍しい形をとっている。

なお、日本では電源開発の黎明期に、東日本では周波数50Hzのドイツ製発電機を、西日本では60Hzのアメリカ製の発電機を民間会社がそれぞれ普及させてしまった。その結果、現在でも東西で周波数が違うという状況になっている。

国全体のことは考えない 地域独占形態

独占を認められた電力会社はやがて地域王国化した。地域王国間を結ぶ送電線の規模は、各電力会社の規模から見るとあまりにも小さい。結果として、管内には世界最高品質の送電網が張りめぐらされているが、日本の電力会社間の送電網は非常に細っている、いわゆる串型系統の見本例になってしまった。それが実態である。国土を一体化するような電力供給体制になっていないのだ。

したがって、今回のように東京電力、東北電力での電力不足を補うために、西日本から電力を融通しようとすると、あちこちからかき集めた電力を、ところてんのように押し出してくるしかない。さらに周波数帯の壁が大きく立ちはだかっているので、たとえ西日本でどれだけ電力に余裕があったとしても、隣接している東電と中部電力の間たっ

全国基幹連系系統

今回の電力危機を受け、「新信濃変換所」経由で60万kW・「佐久間変換所」経由で30万kW・「東清水変換所」経由で13万kWの電力が西日本から融通される予定だった。図からは、日本の中央に大きな送電網の谷間が存在していることがわかる。

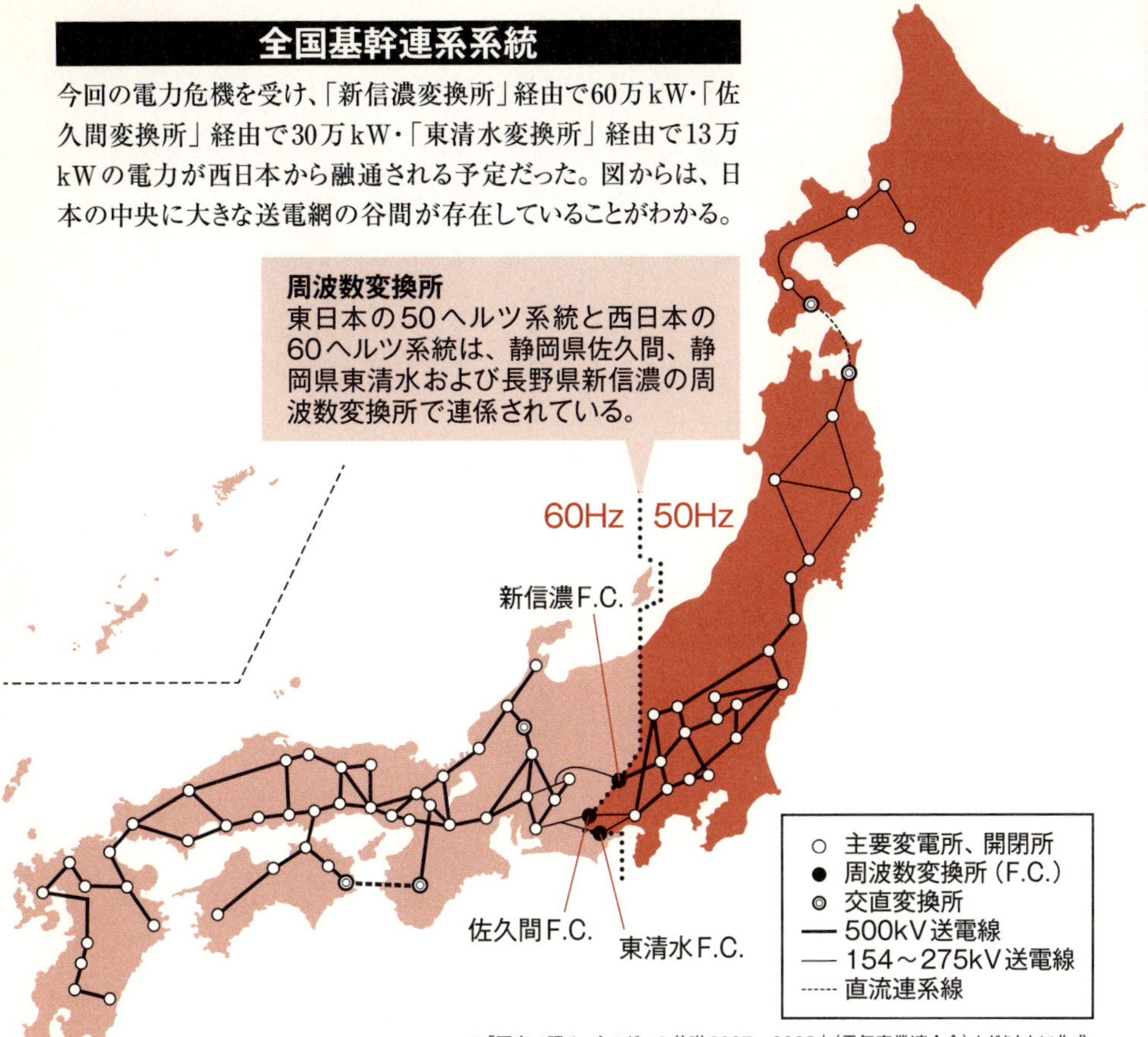

※「図表で語るエネルギーの基礎2007－2008」（電気事業連合会）などをもとに作成

た3カ所の変換所を通じて、103万kWしか応援融通できないのである。これは原発1基分の電力でしかない。

もっとも、地域独占にもプラスの側面はあった。電力会社には、管内においてはいかなる僻地、離島にも同じ料金で電力を届けるという責任も課せられたからだ。戦後復興期や高度経済成長期のような、右肩上がりの成長が続いていた時代には、地域独占の弊害には目をつむり、電力需要の増加をまかなう安定供給を求める世論が強かったのは間違いない。

しかし、電力自由化や地球温暖化、自然エネルギーへの転換が世界規模で進む昨今、重厚長大型の意識に凝り固まっている電力会社の地域独占は、変化への大きな妨げとなっている。特に、議論しては潰されてきた発送電の分離に大胆に舵を切り、自然エネルギー革命の受け入れ準備を進めないと、日本はこの分野でもガラパゴス化して敗者になってしまうだろう。

COLUMN 1

国ぐるみで隠していた「揚水発電」の電力

莫大な発電量を持つ揚水発電施設の存在

3月下旬に発表された東京電力の今夏電力供給量見通しはピーク需要予測より850万kWも低い4650万kWと絶望的な数字だったが、4月15日に出された第2報では、これが7月末の見通しとして一気に5200万kWと、550万kWも供給量が上積みされた。この時、にわかに脚光を浴びたのが揚水発電である。

揚水発電とは、夜間に下流のダムから上流のダムに水を汲み上げておき、昼間の電力ピーク時に放水してタービンをまわすという発電方法である。たとえば群馬県の玉原発電所は120万kWと、大型原子力発電機1基分に相当する発電能力を持つ。このような揚水発電所は全国にあり、東電だけでも合計1050万kW分の揚水発電能力を持っているといわれている。しかし東電は、この揚水発電の電力を、地震後最初の需給見通しには加えずに隠していたのだ。

揚水発電の数字隠しの事実は、週刊誌の報道などから発覚した。資源エネルギー庁が作成した、東京電力のすべての原子力、火力発電所や水力発電の出力、被災状況と、7月末までの各発電所の復旧見通し一覧表から、揚水発電がごっそり抜け落ちていたのである。これは政府部内で使用する極秘文書だった。

揚水発電を資料に加えていなかった理由を追求した週刊誌の取材に対し、資源エネルギー庁の担当者は「使用を考えていないわけではないが、確実な電力だけしか供給力に計算していない」という回答でとりつくろおうとした。

ウソは必ずバレる。こうした隠蔽体質を、いったい彼らはいつまで引きずっていくのだろうか？

東電管内にある今市発電所の今市ダム。上流部のダムとの落差を利用して発電する揚水発電所（PANA）

揚水発電の仕組み

発電所の上部と下部に調整池をつくり、電力需要の多い昼間、上の池から下の池に水を落とし発電し、発電に使用した水を電力需要の少ない夜間に余剰電力などを使って上の池に汲み上げ、昼間の発電に再び使用する。

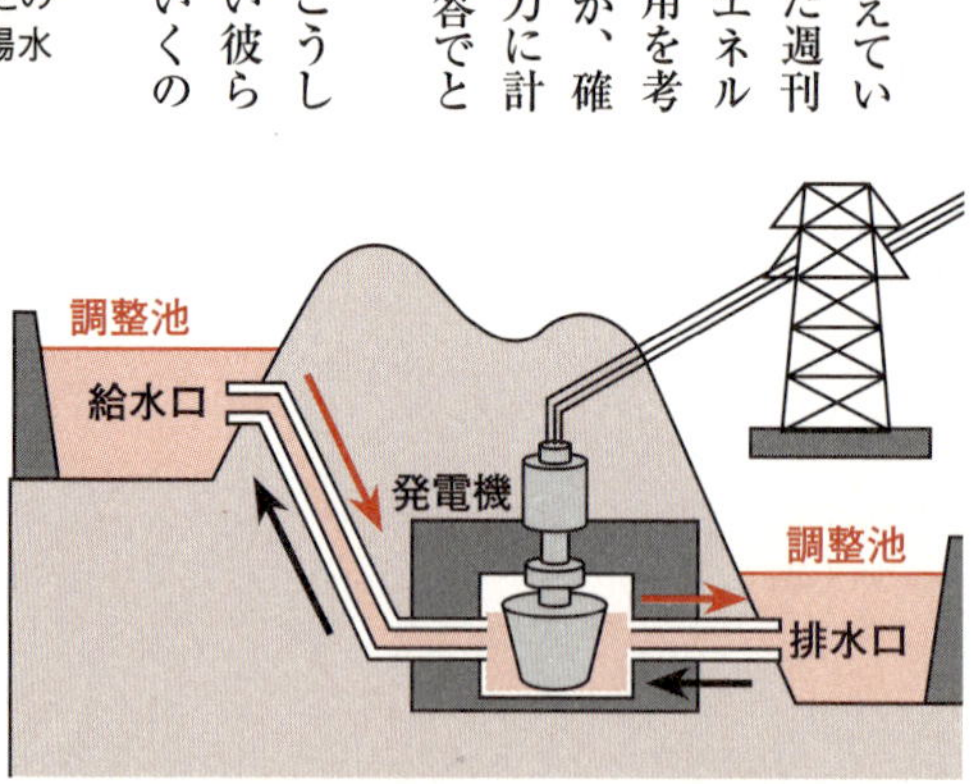

第2章

電気料金を上げなければならないのウソ

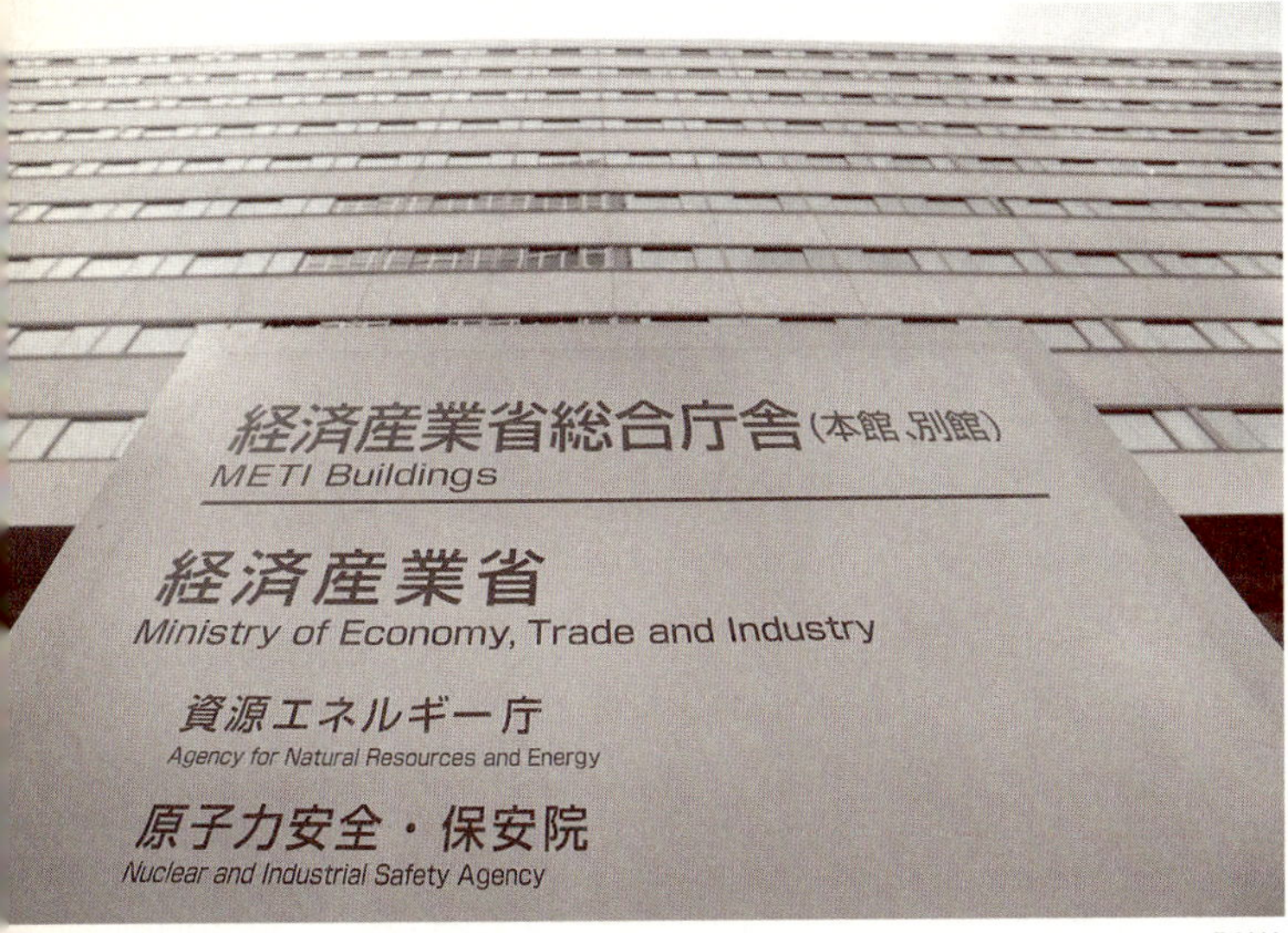

PANA

コストをかけるほど利潤が得られる仕組み

電力会社と電気料金の隠微な関係

日本の電気料金は、原発などにコストをかければかけるほど、安全神話をふりまくために広告費を使えば使うほど、利潤がアップする仕組みが基本。東京電力の原発事故被害者に対する賠償金も、このままでは電気料金に転嫁されかねない。

談＝古賀茂明（経済産業省大臣官房付）

原発をつくるほど儲かる電力会社の特殊な利潤構造

原子力発電所を止めると火力発電所の燃料費がかさんで電気料金が高くなる。そんなことになると、日本経済の国際競争力が落ちてしまう——。

今、経済界や政界の一部から、こんな声が上がっています。しかし、これは真実とは言えません。

というのは、事実上わが国には「電気料金をより安く抑えよう」という仕組みが存在してこなかったからです。むしろ電力会社に関しては、「より高くしよう」という動機付けが、強力に働いてきたと言えます。

電気料金は総括原価方式といって、発電・送電・電力販売にかかわるすべての費用を原価（コスト）とみなし、その上に電力会社の利潤を一定の比率（公正報酬率）で上乗せする形で決まっています。すなわち、電力会社の利潤は、「コスト×公正報酬率」の計算で決まるわけです【図1】。

公正報酬率というのは固定された数字ですから、電力会社は利潤を大きくするためにはコストを大きくするしかありません。つまり、原発などをつくればつくるほど、さらには建設に必要な資材や設備などの価格が高ければ高いほど、利潤も大きくなるのです。

　電力会社はこれまで、電力消費の「ピーク時」を超える供給能力（発電所）を整備してきました。しかし「ピーク時」というのは、夏場の昼間の数時間です。厳しいコスト削減を強いられている一般的な企業なら、たった数時間のために巨大な発電所をつくるなどという経営判断はできないでしょう。しかし電力会社の場合、そのコストはすべて電力ユーザーに転嫁することが可能で、自らの儲けを増やすこともできるのです。

図1　コストをかけるほど増える電力会社の利潤

総括原価方式
発電コスト × 報酬率（3.05％）＝利潤

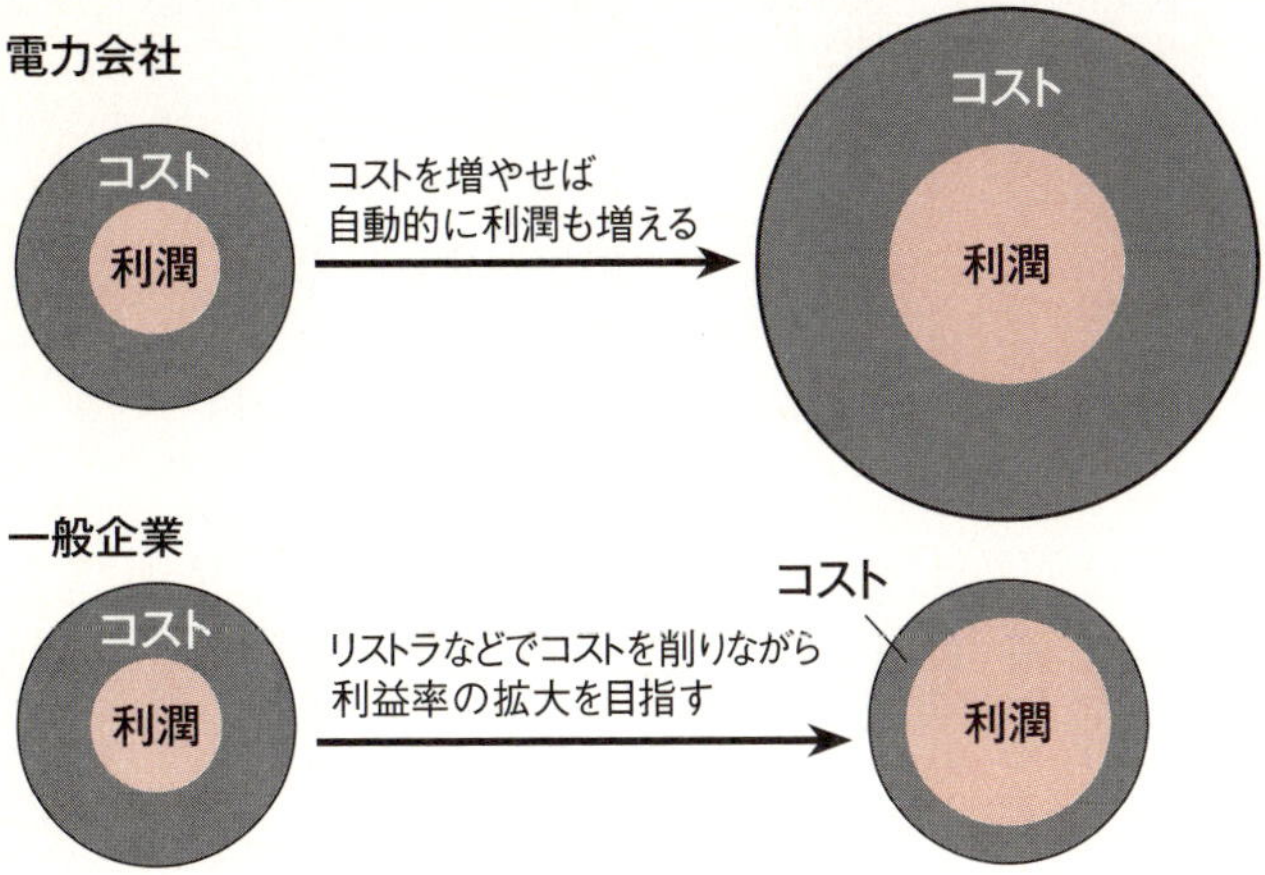

　電気を使わずに商売を続けられる産業はほとんどありませんから、こうした電力会社の「押し売り」体質については、経済界から批判の声が上がってもおかしくありません。
　ところが、現実にはそうはなっていない。なぜなら東電には鉄、化学、電気、石油はもちろん、自動車産業など、幅広い産業が大量の製品を納入しているからです。

東日本大震災の発生後、経団連（日本経済団体連合会）の米倉弘昌会長は、原発事故については「（政府が）責任を持って賠償しますと言うべきだ」と繰り返し述べ、東電の免責を主張し続けてきました。その背景にはまさに、何でも値切らずに買い上げてくれる東電の巨大な調達力があるのです。大企業の集まりである経団連が、大の得意先である東電を必死に擁護するのは私企業集団として当然かもしれませんが、それを「電力の安定供給のため」などと、公益のために主張しているかのように装うのはいかがなものでしょうか。

　もちろん、東電も表向きは「適正かつ低価格の追求」という調達の基本方針を持っています。それが実際に機能しているかどうか、査定するのは経済産業省の役目です。

　しかし実際のところ、経産省の査定はきわめて甘い。たとえば新たに発電所を新設する際、建設費のなかに温泉旅行代がまぎれていないか、添付されている領収書が本物か、というチェックはしています。ところが資材や設備、あるいは日常の保守管理コストなどについては、「これは高すぎるんじゃないか」と厳しく指摘することはほとんどありません。

東電の賠償金負担は結局、電気料金に転嫁!?

東電は今後、福島第一原発事故について巨額の賠償責任を負うことになります。では、その賠償も「コスト」のなかに含められてしまうのではないか? ということは、電気料金がいっそう高くなってしまうのではないか?

そんな国民の疑問に対し、海江田万里経済産業相は、東電が賠償金を電気料金に転嫁することは「まかりならん」と繰り返し述べてきました。

しかし、これは「まやかし」にすぎません。

賠償スキームについて大まかに説明すると、政府が特別法を制定して「損害賠償支援機構」を新設。ここに、いつでも換金できる交付国債を発行して資金調達を助け、間接的に東電の賠償を支援する。さらに、機構に融資する金融機関にも政府保証を付ける。機構から資金支援を受ける東電は、長期にわたって、機構へ「特別負担金」を支払う。機構はこうした負担金で国に返済する――というものです【図2】。

ここまで見ただけで、さっそく疑問にぶちあたります。「東電が機構へ払う負担金の〝原資〟は何なのか」と。

政府はこれについて、「電気料金に上乗せするのではなくて、東電の利潤を削るのだ」と説明していました。つまり、東電に頑張って利益を出してもらって、そこから少しずつ払おうというのです。

しかし、電力会社の利潤の幅、すなわち公正報酬率は、「事業を続けるのに最低限これぐらいは必要ですね」ということで、政府が決めてきたものです。それなのに、そこから削れるということは、最初からそんなに利潤を取らなくてもよかったのではないか。今までが甘すぎたのではないか、という問題が浮上してくるのです。

その部分を内緒にして、「利潤から借金を返させる」ように装うのは、賠償の負担を電気料金に上乗せしているのとまったく同じことなのです。

会社更生法の適用で破たん処理するのがベスト

なぜ、政府はこのような「まやかし」を行なうのか。それはひとえに、「東電存続ありき」で政策を練っているからです。それではなぜ、「東電存続ありき」なのかといえば、電力業界を所管する経産省が、天下りなどを通じて電力会社と利害を共有しているからであり、電力会社が経済界を通じて影響力を行使している政界から、霞が関の官僚が頭を抑えられているからでもあります。

そんな現状の下、経産省のつくった

図2　政府が発表した賠償スキーム

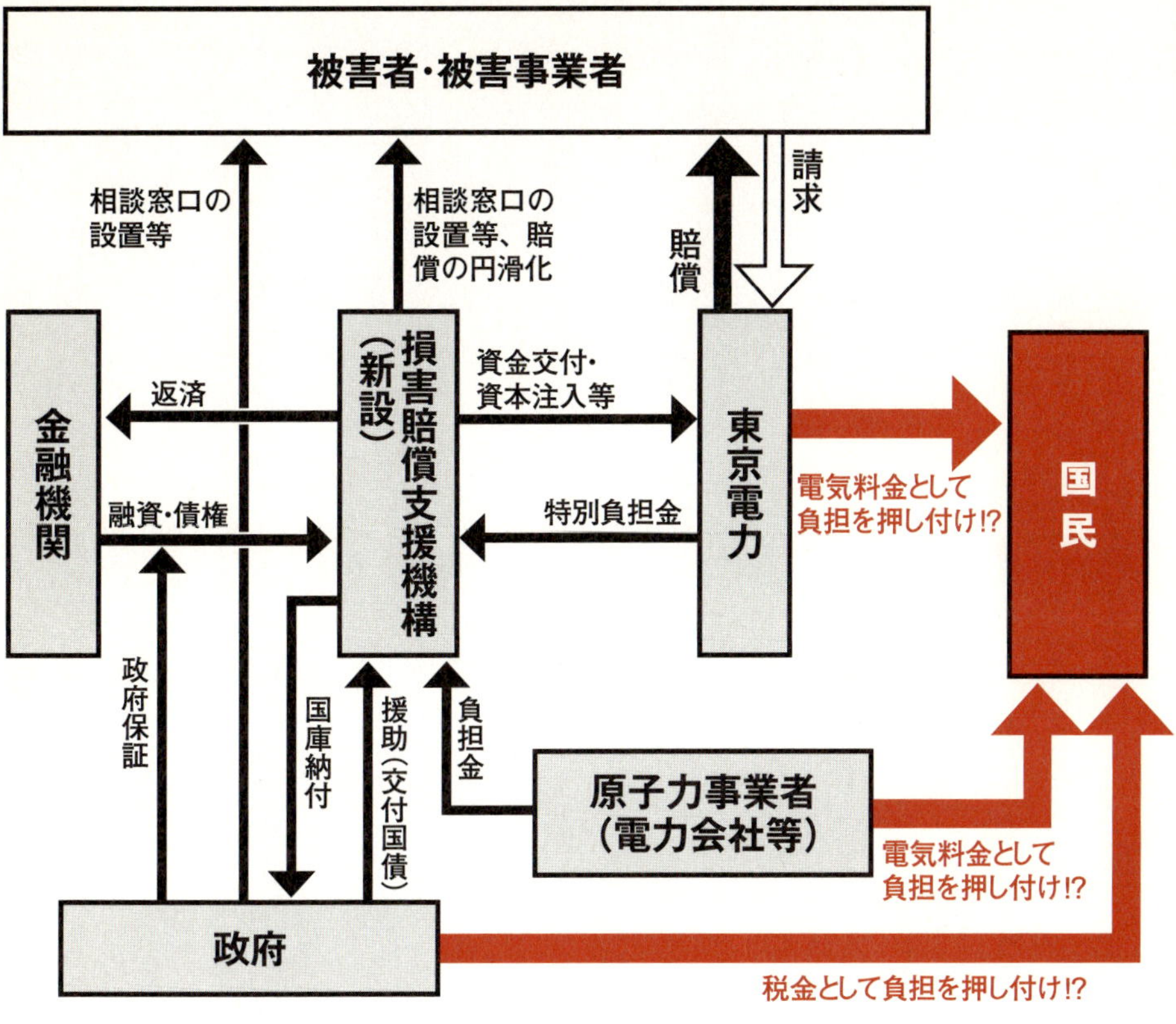

「賠償スキーム」のなかには、東電の責任を電力ユーザーに転嫁する構図が巧妙に織り込まれることになりました。

今回の原発事故による損害について、賠償責任は「一義的には」東電にあるというのが政府の一貫した見解です。もっとも、原子力損害賠償法（原子力損害の賠償に関する法律）第三条ただし書きには、「その損害が異常に巨大な天災地変又は社会的動乱によって生じたものである時は、この限りでない」との規定があり、その適用があれば、東電にはそもそもこの法律による損害賠償責任がないということになります。

今回のケースはどうでしょうか。津波が巨大化する可能性や全電源喪失の際の危険性は、数年前から指摘されていました。東電がそれに対する備えを怠った事実を踏まえれば、原発事故が「異常に巨大な天災地変」によってもたらされたと客観的に認定するのは、難しいと言わざるを得ません。

では、数兆円から十兆円以上ともいわれる賠償を、東電は支払うことができるのでしょうか？

これについては東電自らが、早々に「難しい」と表明しています。賠償とは債務のひとつです。企業が債務を払えなくなれば、普通なら倒産です。会社更生法などの適用を申請して、いわゆる「破たん処理」を行なうのが常道なのです。

破たん処理では、まずは経営者が責任を取り、人件費削減や資産売却などの徹底的なリストラを行ないます。次に、自己責任で東電株に投資した株主も、負担は免れません。すなわち、１００％減資で東電株は紙切れになるのです。また、やはり自らの経営判断として東電に融資した銀行の無担保債権が、カットの対象になることも言うまでもありません。

ちなみに、原発事故で被害を受けた人々の補償債権も、法的には銀行の債権などと同列に扱われるので、カットの対象になります。そのことをもって、「補償債権がカットされて被災者に泣き寝入りさせるなんてひどいじゃないか。やはり東電の破たん処理なんかすべきじゃない」という声があります。

泣き寝入りさせるな、というのはその通りで、補償債権がカットされてしまった分は、国が払えばいいのです。

ここでさらに、「東電の過ちなのに国が肩代わりするなんてとんでもない」などと言われると、もっともらしく聞えるかもしれません。しかし、東電を破たん処理しなければ、株主や銀行の私的な利益を守るために財政が投じられることになり、そのツケは税金や電気料金に転嫁されたり増税されたりして、結果として国民負担が重くなるのです。

「東電は絶対に潰れない」という銀行の思い込み

東電を破たん処理せよ、という主張に対し、東電や東電を擁護する省庁および財界は、次のような反論をぶつけてきます。

「破たん処理をすれば東電が市場の信用を失い、燃料などを調達できなくなって電力供給がストップする」

「巨大企業の株が紙切れになったらパニックが起きる。銀行がダメージを負って金融不安につながるかもしれない」

これまたいずれも、まやかし、デタラメにすぎません。

政府がＪＡＬを破たん処理した際にも、「燃料を調達できなくなって飛行機の運航が止まる」「整備がいい加減になって大事故が起きる」などということが、まことしやかに言われました。しかし、これからずっと事故が起きないかどうかは未知数にせよ、予定されていた航空便が飛ばないなどという事態は、一度も起きていません。

３月の一時期、東電は計画停電を実施しましたが、あれこそはＪＡＬが「飛べなくなる」と言ったのと同じ構図です。ＪＡＬは経営危機に陥った時、「海外にチケットを持って出かけている人が何万人もいて、その人たちが帰れなくなる」と言って政府を脅しました。東電が意図するしないにかかわらず、計画停電には、「ウチが倒れたら大停電になります。ウチを助けなくてもいいのですか」というメッセージが込められていたと言えるのです。

株について言うなら、東電の株価は事故後、2000円台から一時は150円を切るまでに値を下げています。値が下がったということは、多数の株主が、手持ちの株を市場で売却したということです。「高齢者の個人株主が多い」という風説も流されていますが、それが仮に事実だとしても、多くの株主はすでに損失を覚悟して株を手放しているのです。

そうして売りに出された株をあえて買っているのは、短期の売買で「サヤ取り」を狙うデイトレーダー的な投機筋でしょう。彼らの目論見は、「政府は結局、東電を助ける。東電が絶対に潰れないと決まれば株価は数倍になり、短期間で大儲けできる」というものです。そんな株主の救済を、今われわれが考える必要があるのでしょうか。

ほかにも、いまだに東電株の保有を続けている金融機関もあるようですが、それこそ自己責任です。株が紙切れになり、債権カットという運びになれば、銀行の株価は下がるでしょう。しかしそうしたリスクは、すでに事故前の数分の一になった東電の株価に織り込まれており、株式相場全体の暴落という事態は考えにくいのです。仮に相場が下がったとしても、いずれ底を打ち、反転して上がっていくでしょう。

そもそも、東電の破たん処理でカットされる金融機関の債権は、数兆円規模です。1990年代の金融危機の時、銀行は数十兆円の不良債権を抱えていました。それと比べれば、東電の破たん処理がはらむ経済リスクなど、はるかに小さなものなのです。

こうして東電を破たん処理していけば、賠償の原資を数兆円規模で捻出できます。そこまでやって初めて、足りない分をいかに国民が負担するか、という議論に進むことができるのです。

しかし、経済界は東電を破たんさせまいと必死です。特にメガバンクなどは、事故後に約2兆円もの資金を東電に融資しました。まるで、焚き火にお札をくべるような行為です。この債権

東京電力の破たん処理を実行しなければ、賠償金はいずれ電気料金に上乗せされることになるだろう

が焦げ付くようなことになれば、銀行の経営陣は株主代表訴訟を免れません。あるいは、特別背任の罪に問われる可能性すらあります。

銀行がこのような無茶な行動に出たのも、おそらくは「東電は絶対に潰れない」という思い込みを抱えたまま、今まで巨大な資金を借り、キチンと返済してくれてきた大得意先に対する融資シェアを落としたくないという心理が働いたのでしょう。

産業界が必死になって東電を擁護するわけ

致命的な事故を起こした直後に銀行から融資を引き出し、経済界を味方につけて、国に〝存続スキーム〟をつくらせる――これだけ巨大なパワーを持つことができる企業は、電力業界をおいてほかにありません。

そのパワーの源になっているのは、ひとつには、国から実質的な地域独占が認められていることです。ほかに有力な競争相手がいなければ、あえて電気料金を下げる必要がないため、割高な調達で経済界を支配し、その力を恐れる政界を牛耳る、そして政治の影響力を利用して省庁をも支配する。

もっとも制度の面で言えば、日本では1990年代から、段階的に電力自由化が進められてきました。それを受け、新しい発電業者が小規模ながら、電力販売市場に参入しています。それでもなお、東電を筆頭とする既存の電力会社が〝実質的な独占〟を維持していられるのは、送電インフラを握っているからにほかなりません。

図3　発送電分離のイメージ

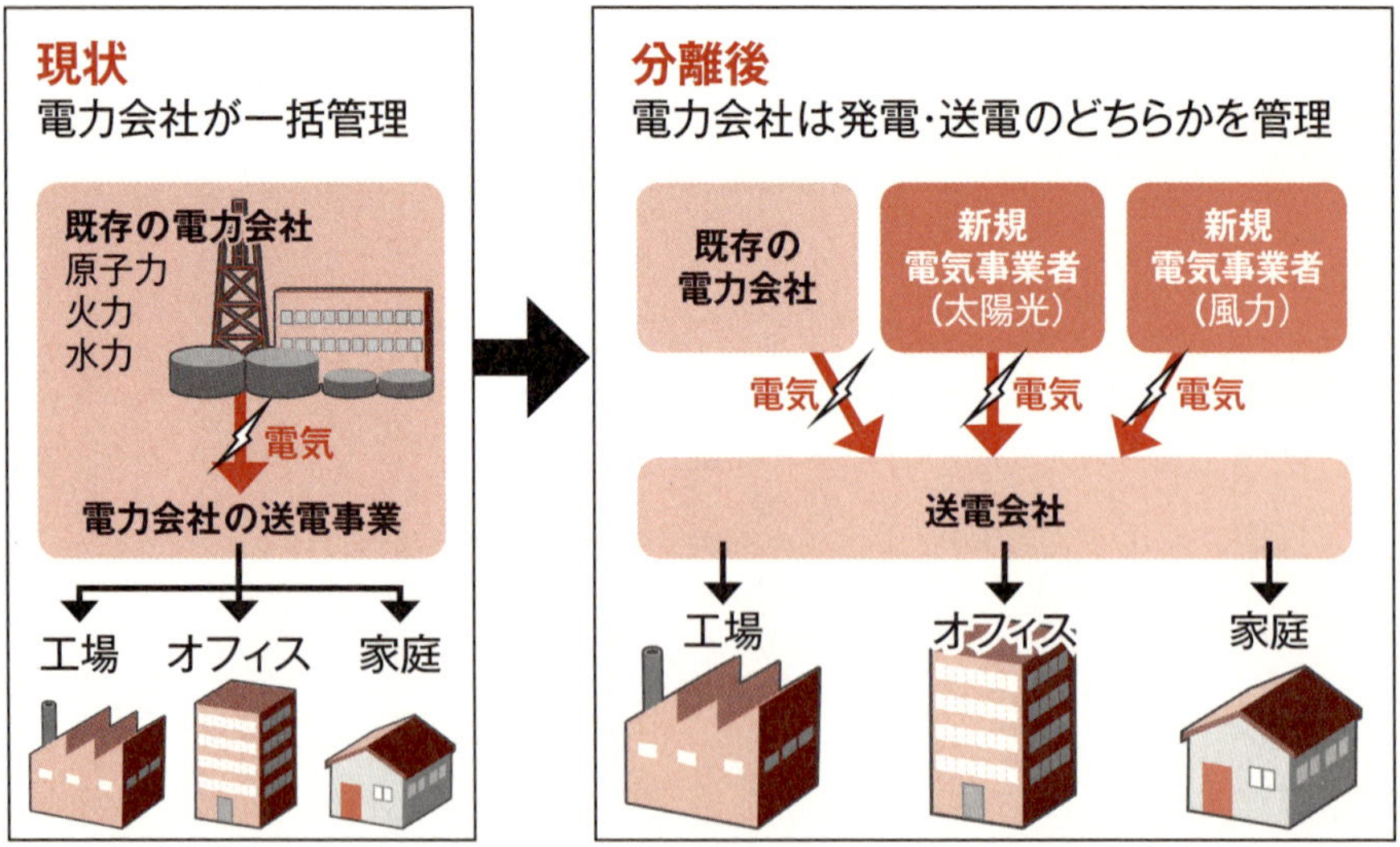

福島第一原発の事故を受けて、「発送電分離」を求める世論が高まっていますが、これは電力事業を発電と送電に分離して、「誰でもどんどん発電ビジネスに参入できるようにしよう。送電線は公平に使えるようにして、大いに競争できるようにしよう」という議論です【図3】。

送電線は、敷設するのに莫大な資金を必要とします。電気を売りたい事業者がそれぞれ2系統、3系統とつくるのはとてつもないムダであり、すでにある送電インフラが、高速道路と同じように利用者すべてに等しく開かれているべきなのです。

すでに述べたように、日本でも制度的には、発電に新規参入して大口需要家までは自由に売っていいことになっているのですが、実際には全然そうなっていない。どうしてかと言えば、大きな発電所と送電インフラの両方を握っている会社が、競争で自分が不利になるようなことをするはずがないからです。

今、東電管内には1600万kWの自家発電能力があると言われており、その余剰電力も相当量に上ると見られています。ところが、これが市場に出てきません。なぜなら、その電力をどこかに送ろうと思っても、電力会社の要求する送電料が高いとか、接続約款という契約の条件が非常に厳しくて、商業的にペイしないからです。新日鐵や三菱化学など、かなり大きな企業でもクリアできないほど、そのハードルは高いのです。

だから、そういう差別的なことができないように、送電インフラを持っている会社は発電所を持ってはいけないことにする。発送電分離をマジメかつわかりやすく語ると、こうなるわけです。

発電会社もあまり大きすぎるよりは、自家発電施設を持っているほかの企業が対等に競争できる程度の大きさに分割した方がいい。そうすると、発電会社は値下げ競争に突入しますから、資材や設備や工事などの調達に際しても徹底的に価格を叩き始める。今まで普通ならあり得ないような高値で資材や設備を納入していた企業にとっては、迷惑この上ない話でしょう。利益率の非常に高かった電力相手の商売が、下手をすれば競争激化で利益率がゼロになってしまうかもしれない。だから産業界は、必死になって東電を擁護するわけです。

それはとりもなおさず、電気料金を高いまま維持することと同義なのです。

冒頭で述べたように、経済界や政界のなかには、「原発を止めたら電気料金が高くなる。そうすると企業が海外に逃げ出す」と言う人々がいます。その言い分のデタラメさの検証はほかの章にゆずることにしますが、そのような主張をする人々は、えてして発送電分離に消極的な面々と重なります。つまり、彼らの関心事は電気料金が上がるかどうかではなく、自分たちが東電から得ていた利益が、減ってしまうかどうかにあるのです。

電気料金の内訳はなぜ不透明なのか？

私たちが毎月支払う電気料金は、「総括原価方式」という特殊な計算方法ではじき出されたものだ。しかし、その明細について、電力会社はユーザーにきちんと知らせていないことが多すぎる。

明細書には記されない「核燃料サイクル促進費」

貯蔵や持ち運びができない電気を、常に必要量だけ生み出すには莫大な設備投資が必要になる。そのため、電力会社には地域独占と総括原価方式による電気料金設定が認められた。総括原価方式とは、簡単に言えば、電力会社は経営にかかったすべての費用に一定の報酬割合を加えた金額をもとに、電気料金を決めることができる制度だ。

だが、電力の安定供給体制をつくるには都合よかった現在の料金制度も、細かいところまで探ってみると、電力会社の思惑が透けて見えてくる。

たとえば、今年4月から電気料金の明細に追加された「太陽光発電促進付加金」という項目。電力会社はRPS制度によって一定量の自然エネルギー電力の買い取りが義務づけられているが、1kW当たり3銭のコストがかかっていることをわざわざ教えてくれているわけだ。

ほかにも、たとえば電気料金のなかには、各電力会社が協同出資してつくった、日本原燃という電力業界の共同出資会社が続けている青森県六ヶ所村の「核燃料サイクル」のための費用も練り込まれている。この費用は一世帯当たり月額200円程度になるという試算がある。しかし「核燃料サイクル促進費」という項目は、検針票のどこを透かしても見当たらない。

割高に設定されている一般家庭用電力

電力会社から電気を購入している顧客を「需要家」と呼ぶ。需要家は、契約kWの規模に応じて「特別高圧」「高圧A、高圧B」「低圧」「電灯」の4つに種別される。

電気料金は使っただけ支払うものと理解されているが、需要家の種別によって、ベースとなる電気料金設定はまったく異なっている。基本的には、大量消費する特別高圧の需要家は電気代が安く、一般家庭が属する低圧・電灯は高めに

総括原価方式における「原価＋報酬」の内訳

※（社）日本電気協会の資料などをもとに作成

電力料金 ＝ **原価** ＋ **報酬**（原価×報酬率）

原価 ＝ **営業費用** ＋ **事業報酬**※（レートベース×報酬率） − **控除収益**

営業費用
- 人件費
- 燃料費
- 修繕費
- 減価償却費
- 公租公課
- 購入電力料
- 上記以外の電気事業営業費用、関連費用、財務費用

事業報酬
- 電気事業固定資産
- 建設中資産
- 核燃料資産
- 繰延資産
- 運転資産
- 特定投資

※レートベース……電気事業に投下された「真実かつ有効」な資産など。その年に稼働しなかった発電設備などは固定資産から除外される。

控除収益
- ほかの電力会社への販売電力料
- 遅収加算金
- 電気事業雑収益
- 託送収益
- 財務収益

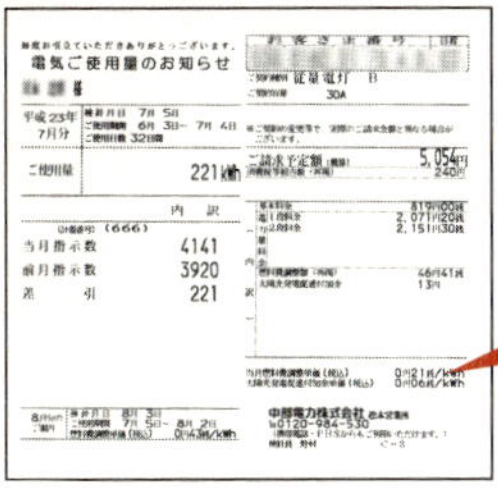

明細書にはこんなものも課金されている

電気料金の明細書をじっくり見てみると、われわれが使用している電力に対する課金以外にも、上乗せされていることがわかる。

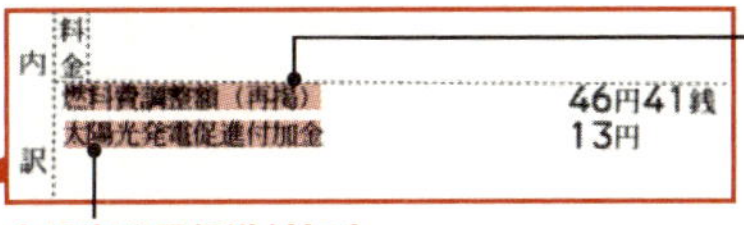

燃料費調整額
電力の単価は、原油や石炭など燃料の価格によって基準が定められているため、燃料の価格により電気料金が調整されている。

太陽光発電促進付加金
2009年11月から太陽光発電の余剰電力買取制度が始まったことで、買取に要した費用が全顧客に付加されることに。

電気料金が設定されている。発電所から一般家庭までは、幾度も電圧を下げて送らねばならない分、コストが高くなるからというのが、電力会社の言い分だ。

だとすれば、たとえば家庭に設置した太陽光パネルや、地方自治体単位で導入した風力発電などで一般家庭の電力をまかない、余剰分は電力会社が買い取る仕組みにすれば、低圧・電灯部分の需要家の電気料金は大きく節約できる理屈になる。実際、こうした動きを後押しするような法整備も始まってはいるが、電力会社は地域主導の自然エネルギー導入に送電網を開放することには極めて消極的だ。先に見た太陽光発電の促進費をいちいち項目化するのも、自然エネルギー潰しの一環だろう。

いずれにしても、電力自由化と独占の崩壊は時代的趨勢だ。日本はもはや総括原価方式をよしとする発展途上国ではない。新しい時代に対応するダイナミックな変革を目指さなければ、日本の明日は見えない。

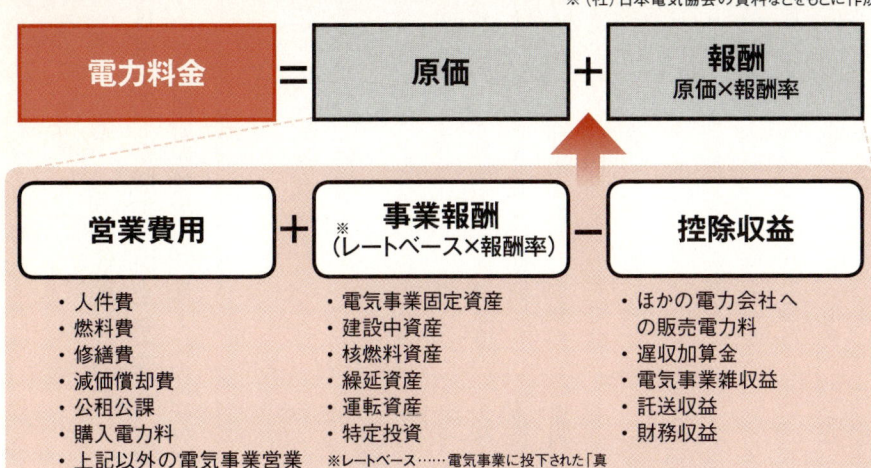

全原発停止で電気料金の1000円値上げはホントか？

この6月下旬、全原発を停止した場合、毎月の電気料金が1000円以上もアップするという驚くべきレポートが経産省所管の財団法人によって公表された。しかし、その内容を検証してみると杜撰なものだった。

原発停止で電気料金1000円増の根拠は？

福島第一原発事故を受け、原発稼動を続けるか否かが大きく問われるなか、「全原発停止なら家庭の電気代1000円アップと試算」と報じた読売新聞（6月13日付）の記事は国民の関心を強く引きつけたようだ。即日、ネット上では「1000円で原発が止まるなら安い」「1000円ですむと思っている人は甘い」などさまざまな意見が飛び交った。

記事の内容は、「すべての原子力発電所が運転停止し、火力発電所で発電を代行した場合、液化天然ガス（LNG）や石炭など燃料調達費が増えるため、2012年度の毎月の標準家庭の電気料金が平均で1049円上昇し、6812円になる」との試算を日本エネルギー経済研究所（エネ研）が発表したというもの。ちなみにエネ研は、24人の理事のうち7人を経産省OBが占め、東電、関電、中電の電力御三家と電気事業連合会の役員らも名を連ねるいわゆる「天下り団体」だ。

気になるのは、電気料金1000円アップという数字がどのような根拠に基づいて算出されたかだ。それを調べようと、該当するエネ研のレポートとリリースを見てみると、読売の記事では言及されていない次のような文言が目についた。

「本試算は、原子力発電所が再稼動しない場合に、仮にkWhあたりの燃料輸入増加額を『単純に上乗せ』すると、世帯当たりでどの程度のコスト上乗せに相当するかを試算したもの。上記のような単純な上乗せが実施されることを示すものでも、必ず電気料金が上がることを示すものでもない」

つまりは、原発の代替として稼働率を上げる火力発電所の燃料コスト増加分を、需要家数で割っただけの数字なのだ。

為替も節電も無視の「参考メモ」

この微妙な時期に、試算として発表するならば、せめて為替レートや節電の効果、燃料価格の変動の影響ぐらいは

財団法人のレポートが発端となった電気料金値上がり騒動

日本エネルギー研究所が
電力料金コストアップについて資料を提出

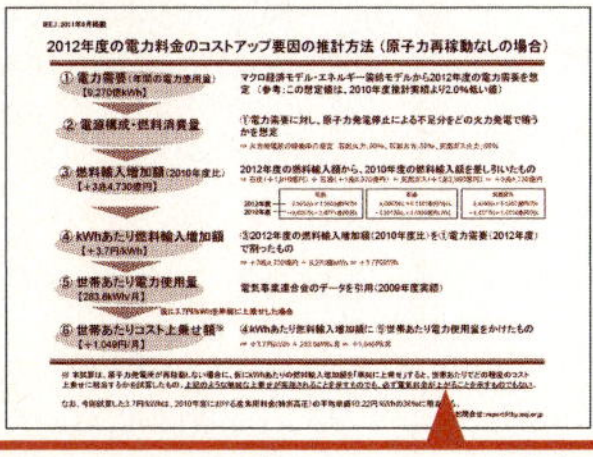

2012年度の電力料金のコストアップ要因の推計方法（原子力再稼動なしの場合）

① 電力需要（年間の電力使用量）【9,270億kWh】
マクロ経済モデル・エネルギー需給モデルから2012年度の電力需要を想定（参考：この想定値は、2010年度推計実績より2.0%低い値）

② 電源構成・燃料消費量
①電力需要に対し、原子力発電停止による不足分をどの火力発電で賄うかを想定

③ 燃料輸入増加額（2010年度比）【＋3兆4,730億円】
2012年度の燃料輸入額から、2010年度の燃料輸入額を差し引いたもの

④ kWhあたり燃料輸入増加額【＋3.7円/kWh】
③2012年度の燃料輸入増加額（2010年度比）を①電力需要（2012年度）で割ったもの

⑤ 世帯あたり電力使用量【283.6kWh/月】
電気事業連合会のデータを引用（2009年度実績）

⑥ 世帯あたりコスト上乗せ額【＋1,049円/月】
④kWhあたり燃料輸入増加額に⑤世帯あたり電力使用量をかけたもの

原発停止で1000円
値上げされるかも？？

全原発停止なら
家庭の電気代1000円アップ
エネ研試算

上記のような単純な上乗せが実施されることを示すものでも、
必ず電気料金が上がることを示すものでもない。

2011年6月13日の読売新聞で**「全原発停止なら家庭の電気代1000円アップ」**の見出し掲載

記事の影響を受けて
世間やネットでは……

「値上げ反対！
原発の方がいい!!」
Aさん

「1000円の値上げ
ですむわけがない！」
Bさん

「1000円で原発停止
なら安いものだ」
Cさん

世論の混乱を狙った!?

踏まえた分析が望ましい。それをしていないエネ研の数字は、「参考メモ」と言った方がいいレベルだ。実際、この試算は4月の燃料価格を参考にしているようだが、当時は一時1ドル／85円を超えていた為替レートは、7月下旬には1ドル／78円を切る円高水準となっている。

また、仮に短期的には燃料価格の増加で電気料金が上がることがあっても、中期的には政府がどのようなエネルギー政策をとるかによって抑えることができる。長期的な負担を電気料金にもたらすのは、むしろ原発政策にからむ出費の方だろう。料金が上がるとすれば、「原発を止めるから」ではなく「原発のツケとして」なのだ。また、原発を放棄するにしても廃炉費用などがかかるが、これを将来の世代に押しつけることはできない。

電気料金と原発は、このように悩ましい関係にある。その機微を汲まず、「1000円アップ」という数字をひとり歩きさせたエネ研と読売新聞の罪は重いと言わざるを得ない。

世界一高いと言われる日本の電気料金はピーク時需給量にあわせた〝押し売り〟価格

電力の需給量は、1日単位で見ても1年単位で見ても一定ではなく、一時的に最高の数値を示すピークが存在する。日本の電気料金の高さは、この電力需給ピークと密接な関係がある。

電気料金を高くしている日本の特殊事情

日本の電気料金は、世界的にも高いと言われている。エネルギー自給率が4%しかなく、海外からの輸入資源に頼ってきた現実もあるが、もうひとつ、日本独特の電力消費事情が、電気料金を高止まりさせている。

左のグラフを見ればわかるように、日本の月別電力消費量は夏場にピークを迎え、最も低い春先の消費量との差は10電力合計でざっと5000万kW、なんと東京電力1社分に相当する供給ギャップとなっている。これは気温、湿度が共に熱帯並みに上昇する夏場に家庭、職場を問わずエアコン使用率が急増するためだ。しかも時間帯としては午後の数時間に、電力の最大消費量が集中している。

管内電力の安定供給を義務づけられている電力会社は、各社ともこの1年間の一時期、一定時間内に生じる消費ピークだけに備えた膨大な発電設備を抱えている。この過剰な設備の分も電気料金に組み込まれているため、電気料金は割高になるのだ。

過剰設備を捨てて柔軟な発想を持つべき

だが、季節や時間帯に関係なく電力需給の数値がフラットな国はない。電力の需要ピークをどう凌ぐかというのは、どの国でも多かれ少なかれ直面している問題である。日本独特の事情という供給側からの説明を鵜呑みにしていていいのだろうか。

そもそも、電気料金は先に見たように、総括原価方式で決まる。ということは、いくら設備投資をしても、それを電気料金に転嫁できるということだ。実際、電力10社は、原油や液化天然ガスの燃料価格高騰を理由に、この3月から6カ月連続で電気料金を値上げしている。燃料価格の変動は燃料費調整額として電気料金に組み込める。

競争相手となるガス会社やPPSなどの新電力会社も同じ資源高騰に直面す

ピークとそれ以外の時間ではこんなに違う電力需給

ピーク部分をカットもしくはシフトするよう節電すれば、無駄な努力をしなくてもすむ。

※出典：電気事業連合会調べ（資源エネルギー庁HP）
※1975年度は9電力計算

1年間の電気の使われ方（10電力）

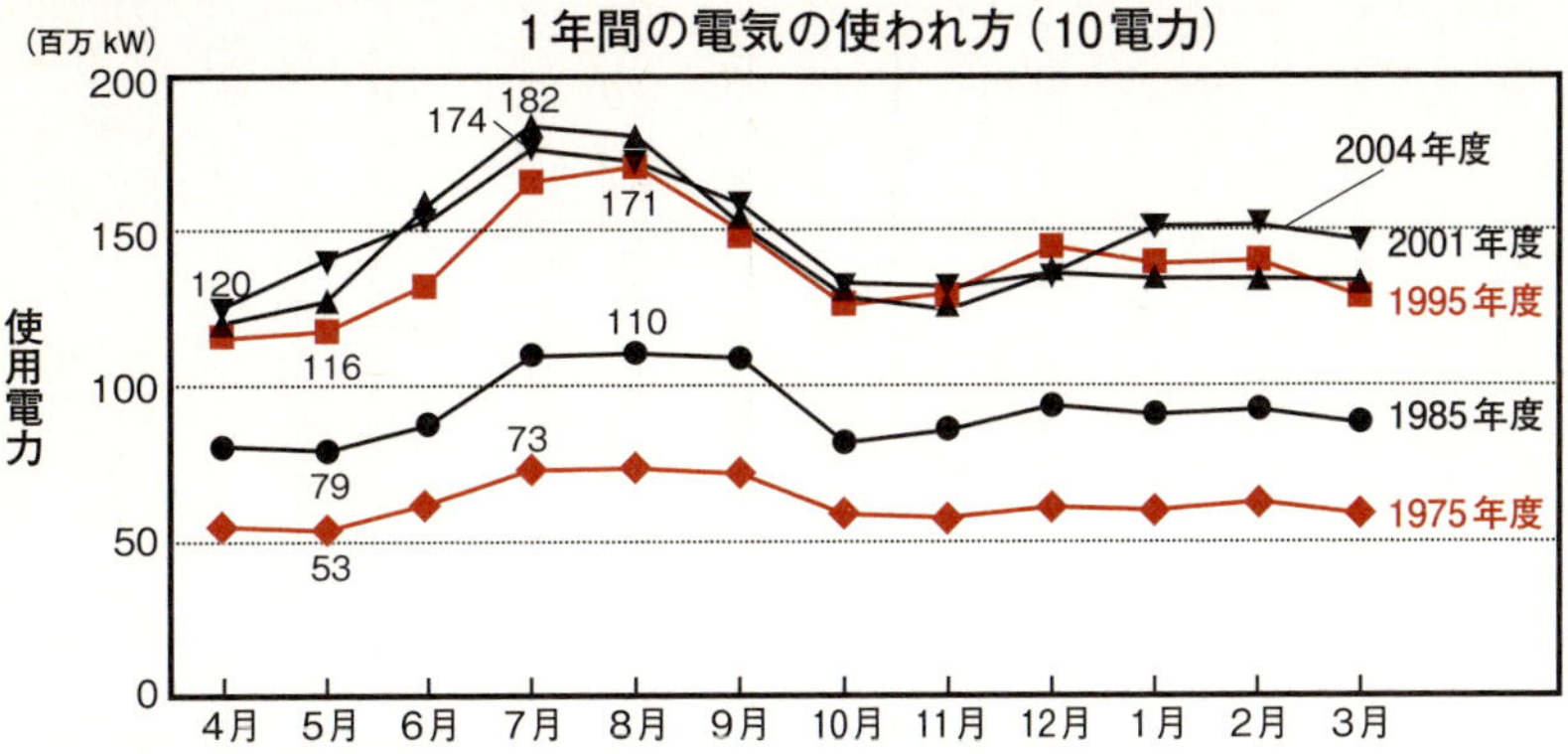

夏期1日の電気の使われ方（年間最大電力を記録した日／10電力）

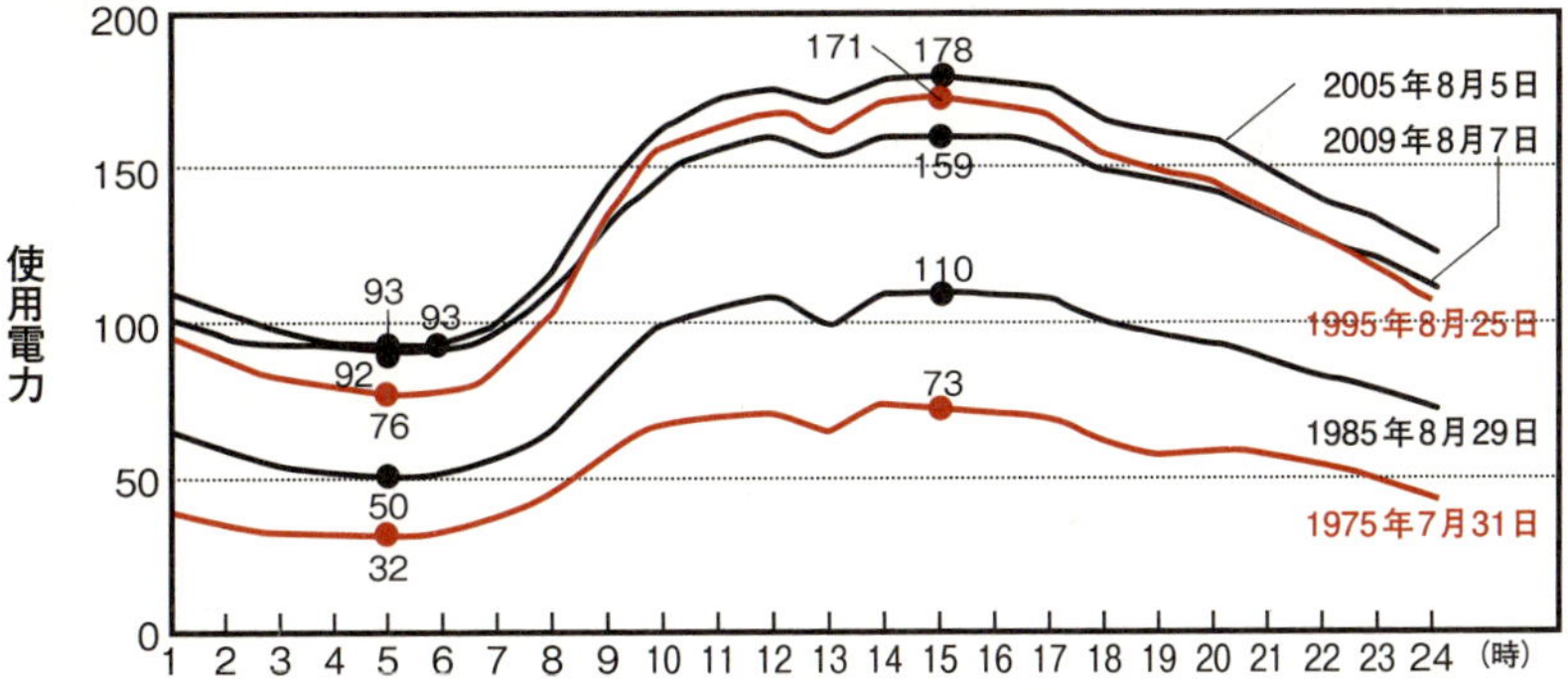

る以上、電力会社にとっては、燃料調達さえ継続できれば、原料費の値上がりはさほどリスク要因にはならないのだ。

電力会社が口を開けば主張する「電力の安定供給」という錦の御旗を前に、簡単に口をつぐんではならない。過剰設備のアウトソーシングは、今や民間企業では当たり前だ。夏場、ほんの一刻の需要ピークのために10電力で合計5000万kWもの過剰設備を抱え込むのは、国家的な損失だ。

電力の自由化に乗って、いわゆる埋蔵電源を積極的に買い取るなどの方法で乗り切ることだってできる。少なくとも、原発を乱立させるよりはるかに安いコストで実現できる。同時に、夏場のピークにあわせた高額料金設定をやめ、ピークカット、ピークシフトを促すのも、難しい話ではない。

日本の電力政策をめぐっては、企業努力もそれを後押しする政策努力も皆無に等しい。ここを攻めなければ、真の意味での省エネ社会など夢のまた夢だ。

電力会社はなぜ電気の「見える化」を嫌うのか？

今夏の〝節電ブーム〟で、一部注目された電力消費の見える化システム。しかし電力会社のホンネは、「そんなことをされたら電気の押し売りができなくなるじゃないか」ではないか？

需要家の意識を変える電力消費の「見える化」

福島原発事故の余波で現在停止中の原発の運転再開にブレーキがかかり、全国各地に電力不足キャンペーンが拡大してきた。そんななか、２０１１年７月５日に大阪市が消費電力量や電気料金が確認できる「見える化機器」の無料貸し出し予約を始めたところ、この１日だけで予定数の１００台を超える２８０件もの予約が殺到した。

また、ＮＥＣも電気、水道、ガスの使用料を「見える化」する企業向けサービス「ＢＩＧＬＯＢＥエコバード」を、家庭向けにカスタマイズした「ＢＩＧＬＯＢＥエコバードＨｏｍｅ」を、グループ従業員約1万世帯への配備を目指す計画を発表している。

さらに、発電／売電量モニター付きの太陽光発電装置を導入したところ、家族の節電意識が高まり、電気使用量そのものが減るようになったという事例もある。

日本人はもともと、細かい努力が成果として反映されることを喜ぶ傾向が強い。このように、節電意識の高い需要家に対して、「見える化」はとても馴染みやすいサービスなのだ。

しかし、節電の喜びを知り始めた需要家を、苦々しい思いで眺めているのが実は、電力会社である。

節電努力を踏みにじる電力会社の怠慢

5月末、東京都世田谷区の保坂展人区長は、東電に対して、区内の電力の使用状況を公開するよう要請した。いわば、地域単位での「見える化」を東電に求めたのである。電力不足の当事者意識を高めると同時に、夏祭りの盆踊りを自粛したり、エアコンの控えすぎで熱中症になる人が出ないよう、区民の経済活動にも配慮しようという、区長としてはもっともな要求である。

ところが、これに対して東電は「データはあるが、時間的、費用的に難しい」と難色を示し、10日後になってようや

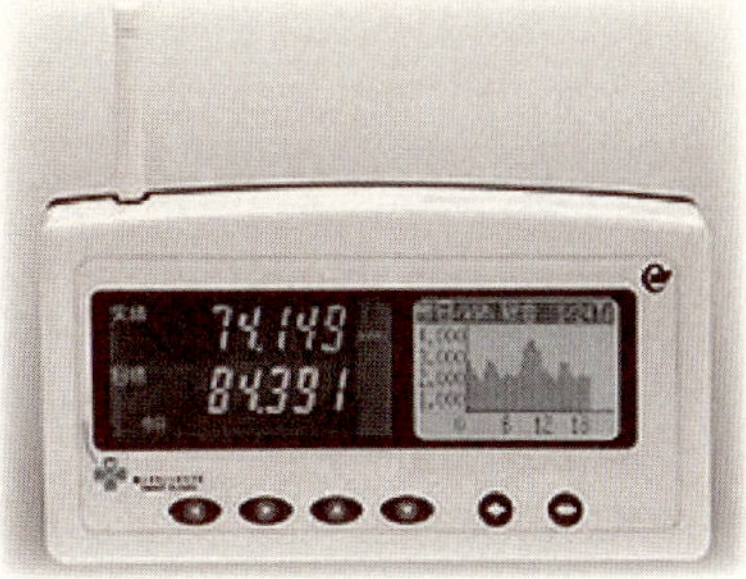

大阪市は2011年7月5日に消費電力量や電気料金が確認できる「見える化機器」の無料貸し出し予約を開始。予想以上の反響があったという

消費電力測定装置「エコリンコ」は、2009年に三井不動産グループが100世帯に無料で貸し出したもの。電力使用量が「見える化」されることにより、電力消費量が減るという（読売新聞／アフロ）

く、「区の単位ではできないけれども23区全体で前日の1時間ごとの実績値であれば開示可能」と回答するにとどまった。

　結論から言えば、できないはずがない。データがあると言うなら、それを出せばよいだけのことだ。東電には整理する時間がなくても、できる人間は余所にいくらでもいる。そもそも、こんなデータの開示もできないこと自体、東日本大震災直後の計画停電を無計画に実施したと白状しているようなものだ。競争相手もいない地域独占企業が、このようなデータ開示要請を拒む理由もない。

　効率のよい電力消費をされると電力会社は困る。これが、本来なら頭を下げて節電をお願いしなければならない顧客に対する態度なのかどうか。CMででんこちゃんに詫びを入れさせればすむ話ではない。このような回答をして恥じることのない彼らの対応からは、「自分たちが電気を売ってやっているんだ」という驕りさえ透けて見える。

　電力会社が「見える化」に熱心でないのも当然だ。使われれば使われるほど彼らの利益になる電力を、需要家にかしこく節電させる道理がない。

　やはり、電力会社の独占構造を壊し、電力の購入先を選ぶ権利を消費者、需要家に返すべきだ。「見える化」が、そのための大きな突破口になるのは間違いないだろう。

COLUMN 2

オール電化住宅の大誤算

震災前から行き詰まっていたオール電化

夜間の余剰電力をどうやって収益に結びつけるか。それが原発を抱えた電力会社の課題だった。揚水発電で捨てるよりも、需要家に消費された方がいいに決まっている。その答えが、「エコキュート」や「エコアイス」、そして電磁誘導を使って調理器具を熱するIH調理器の販売、ひいてはオール電化住宅の推進だった。

電力会社が推進したオール電化だが人気は急落

販売努力が功を奏して、2010年末には東京電力管内だけでもオール電化住宅の数は85万5000戸にも達している。しかし、福島第一原発が事故を起こした結果、オール電化住宅が重い負担になっている。この3年間の増加分だけでも、原発2基分、200万kWもの電力消費量に当たるからだ。当然、オール電化住宅の販売戦略は、今後、大きな見直しを迫られることになる。

ただし、原発事故が起こらなくても、オール電化住宅の販売事業そのものが行き詰まっていたことも指摘しておきたい。2010年の不動産経済研究所の調査によれば、2002年以降、一貫して首都圏のマンション供給戸数のなかでシェアを伸ばしてきたオール電化マンションが、2009年に初めてシェア減少に転じているのである。2010年前半には回復基調も見られたが、今後は、福島第一原発事故の長期化が予想されるし、次々に原発が停止していけば、ほかの電力会社管内でもオール電化の人気は急落していくだろう。

おそらく、今後の新築・リフォーム市場では、省エネやガス会社の家庭用燃料電池、太陽光発電の組み込みや、電力の「見える化」がセットになった住宅に人気が集まるようになるはずだ。

首都圏マンション 年次別オール電化供給戸数とシェアの推移

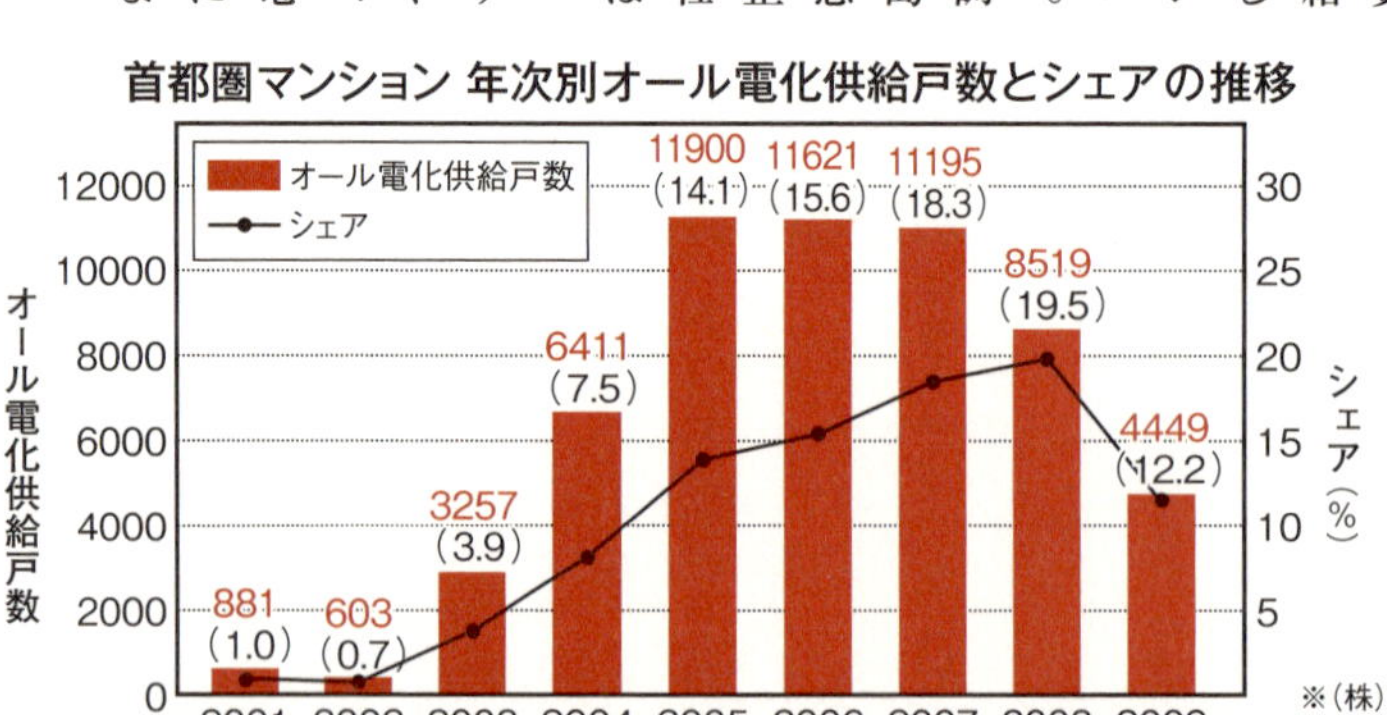

※(株)不動産経済研究所のデータを参考に作成

第3章

原発は最も安い発電方式のウソ

ロイター／アフロ

政府が公表しない巨額の隠れ費用を試算

実は火力や水力よりも高い 原発の総発電コスト

これまで国は原発の発電単価の安さを強調してきた。しかしそこには数字のトリックが。設備稼働率や耐用年数、原発立地への財政支出、さらには放射性廃棄物の処理などのバックエンド費用を含めると、発電単価は火力、水力を超えてしまう。

談＝大島堅一（立命館大学国際関係学部教授）

「原発は安い」というのは虚構にすぎない

これまで、国や電力会社は原発を推進するうえで大きく2つの大義名分を掲げてきました。それは第一に、「核燃料サイクルを完成させれば、資源の乏しいわが国のエネルギー安全保障に貢献する」というものであり、第二に、「なんといっても発電コストが安いから」というものでした。

これら2つは表裏をなし、複雑に絡みあいながら、「原発は日本経済になくてはならないもの」という虚構をつくり上げてきたのです。その実態を理解するには、まずは「原発は安くない」という現実を見ていくのが近道です。

２００４年に政府が公表した発電コストの試算値によると、液化天然ガスが５・７円／ｋＷｈ、石炭火力が６・２円／ｋＷｈ、石油火力が10・7円／ｋＷｈ、一般水力が11・9円／ｋＷｈとなっています。

これに対して原発は５・３円／ｋＷｈと、一番安い。

しかしこの数字は、原発にとって非常に都合のいい前提を与えられた「モデル」にすぎません。

たとえば、政府試算では原発や火力の設備稼働率を80％と仮定しています。しかし2001年以降、電力9社全体で見て、原発の稼働率が80％以上になったことはないのです。

その直接的原因は2つあります。ひとつは、柏崎刈羽原発が2007年の新潟県中越沖地震で直撃を受け、停止したこと。そしてそれ以前から、点検記録の改ざん事件などが頻発し、電力会社が国民の信用を失っていたことです。そのせいで定期検査が長引くなどして、原発の運転ができなくなり、総発電量に占める原子力の割合は2002年度の31・2％から2003年度の25・7％へと大きく減少しています。この時期の設備利用率は、60％を切る水準でした。

発電事業は、燃料費より発電施設などの固定資本部分に多くおカネがかかります。そのため、設備稼働率を高く設定したり、耐用年数を長く見積もったりすれば、それだけ「施設を効率よく使った」ということになり、発電単価は安くなるのです。

政府公表の試算値のように、稼働率を実際より水増ししてしまっては、実際の発電コストはわかりません。

そこでわたしは、『有価証券報告書総覧』に着目しました。上場企業である電力会社（ここでは原発を持つ9社）が年度ごとに公表しているこの資料から、発電にかかった経費を電源別に可能な限り抽出し、総発電量で割り算したのです。

その結果が【表1】です。これは設備の稼働率などについても実態を反映した数字ですが、1970年から2007年の平均で見ると原子力は8・64円／kWhで、火力の9・8円／kWhよりは少し安いという程度になります。いちばん安いのは、政府公表の試算で「最も高い」とされていた一般水力（3・88円／kWh）でした。

注目して欲しいのは、原発と揚水発電の関係（24ページ参照）についてです。

揚水発電の容量は1970年以降、

表1　電源別の発電単価（実績）

（kWh当たり）

	原子力	火力	水力	一般水力	揚水	原子力+揚水
1970年代	8.85円	7.11円	3.56円	2.72円	40.83円	11.55円
1980年代	10.98円	13.67円	7.80円	4.42円	81.57円	12.90円
1990年代	8.61円	9.39円	9.32円	4.77円	50.02円	10.07円
2000年代	7.29円	8.90円	7.31円	3.47円	41.81円	8.44円
1970～2007年	8.64円	9.80円	7.08円	3.88円	51.87円	10.13円

※電力各社の『有価証券報告書総覧』などをもとに算定

原発の発電容量に比例する形で増えています。つまり原発と揚水発電が互いに存在意義を補完しあう関係にあると考えれば、発電コストも両方をあわせて考えるのが適切ではないかと考えたのです。そこで両者を平均すると、10・13円／kWhと火力よりも高くなりました。

しかし、ここまでやってもまだ、原発の正確な発電コストを把握できたことにはなりません。原発に対しては毎年、研究開発費や立地対策をあわせて約4000億円もの財政支出がなされています。これを足しあわせて考えないことには、本当のコストは見えてこないのです。

異常なペースで進められた日本の原発開発

こうした財政支出は、いかにしてなされてきたのでしょうか。

戦後の日本のエネルギー政策は、経済成長のために安価で大量のエネル

グラフ1　日本の原子力発電所の設備容量推移

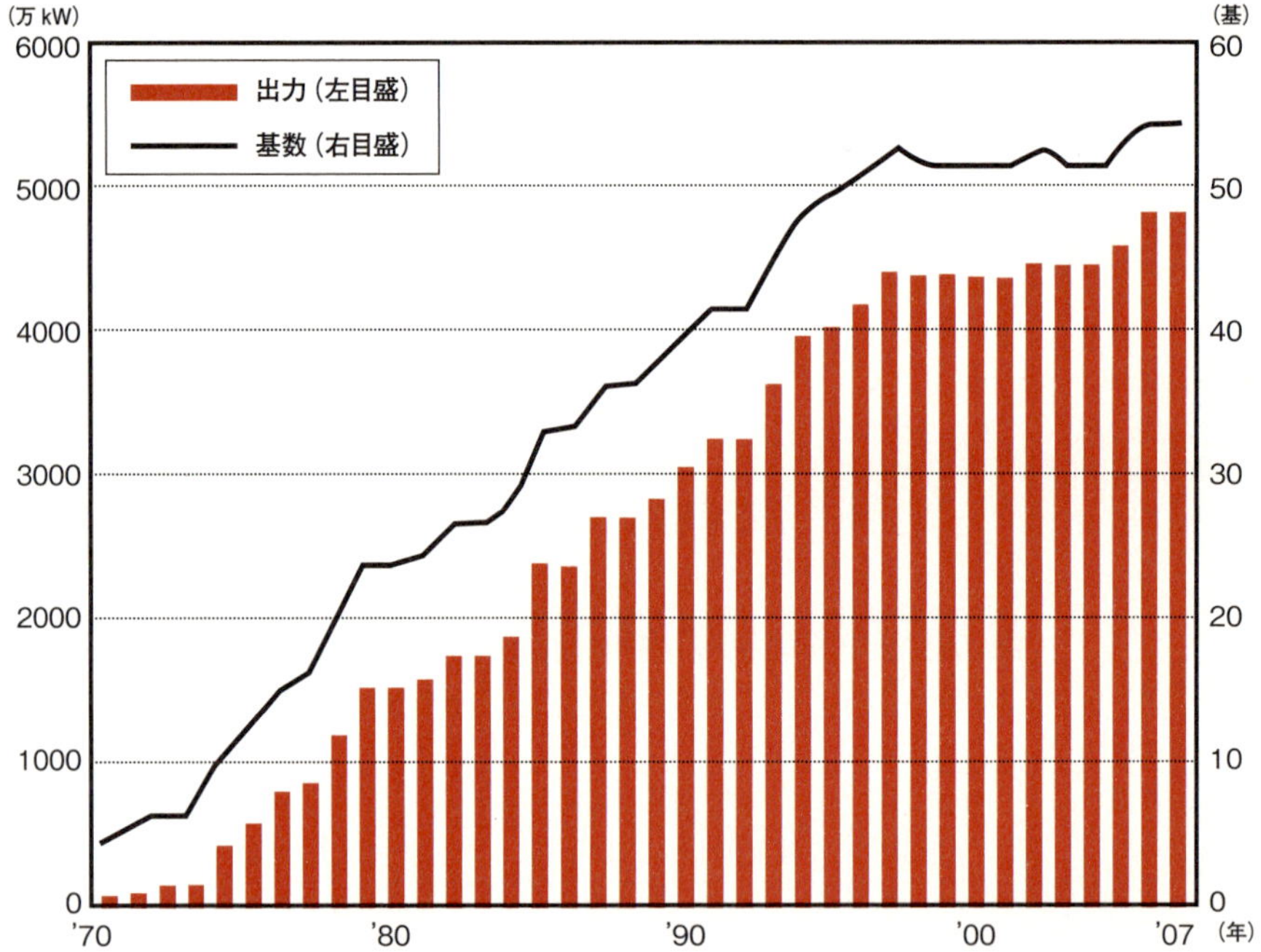

※出典:日本電気協会新聞部編（2009）

ギーを確保することに主眼が置かれていました。しかし1970年代に起きた2度の石油危機を転機に、石油に代わるエネルギーの開発が求められるようになり、その基軸に原子力開発が据えられたのです。

この時期、日本の原発の設備容量は86・3万kWにすぎませんでしたが、1980年には1495・2万kW、1990年には3148万kW、2007年には4946・77万kWと急速に拡大しました【グラフ1】。

世界的に見て、こうした日本の原発拡大ペースは異常ですらあります。ほかの原子力開発国であるアメリカ、フランス、ドイツ、イギリスのいずれを見ても、原発が拡大するペースは一様ではありません。日本はかつてのソ連・東欧以上に計画的に拡大してきたといえます。

これほどのハイペースで原発をつくることができたのは、国家財政の裏づけがあったからにほかなりません。

こんにち、電力への財政支出には一般会計のエネルギー対策費とエネルギー対策特別会計があります。後者は、田中角栄内閣時代につくられた電源開発促進対策特別会計がベースになっています。電力会社から送られてくる明細には載っていませんが、電気料金には電源開発促進税（現在は約2％）が課されていて、これがこの特別会計の財源になっています。

政府の財政的な裏づけを得て順調に進んでいた原子力開発も、スリーマイル島事故、チェルノブイリ事故、そして日本国内での度重なる事故やトラブルを背景に、発電所の立地が政府の計画どおり進まなくなります。立地対策費が予算化されても消化できず、多額の余剰金さえ発生しました。

そこで政府は、立地への各種交付金の対象事業を拡大することで予算消化を図るのです。それはたとえば、スクールバス、小学校、体育館、葬儀場などの公共施設整備はおろか、外国人講師採用などによる外国語教育やコミュニティバス事業など、およそ電源開発とは無縁の、本来なら各自治体の財源で整備・運営されるべきものが含まれていました。つまりは原発の立地を進めるための懐柔策として、周辺自治体に交付金や補助金を与え続けてきたわけです。

財政支出の単価は火力と一般水力の20倍以上！

一般会計のエネルギー対策費もエネルギー対策特別会計も、原発だけを対象としたものではありません。しかし中身を見ると、実態として大部分が原発関連の技術開発と立地対策に充てられてきたことがわかります。

これら、一般会計と特別会計の費用項目を可能な限り電源別に再集計して、当該年度の電力9社の総発電量（送電端）で割ります。こうして算出した電源ごとの発電量当たり財政支出単価を1970年から2007年までの平均で見ると、火力と一般水力がとも

表2　財政支出を含めた電源別総合単価

（kWh当たり）

	原子力	火力	水力	一般水力	揚水	原子力+揚水
1970年代	13.57円	7.14円	3.58円	2.74円	41.20円	16.40円
1980年代	13.61円	13.76円	7.99円	4.53円	83.44円	15.60円
1990年代	10.48円	9.51円	9.61円	4.93円	51.47円	12.01円
2000年代	8.93円	9.02円	7.52円	3.59円	42.79円	10.11円
1970〜2007年	10.68円	9.90円	7.26円	3.98円	53.14円	12.23円

※事故の場合の被害額、被害補償額は含まず
※出典：大島堅一著『再生可能エネルギーの政治経済学』

図1　原子力発電の総費用

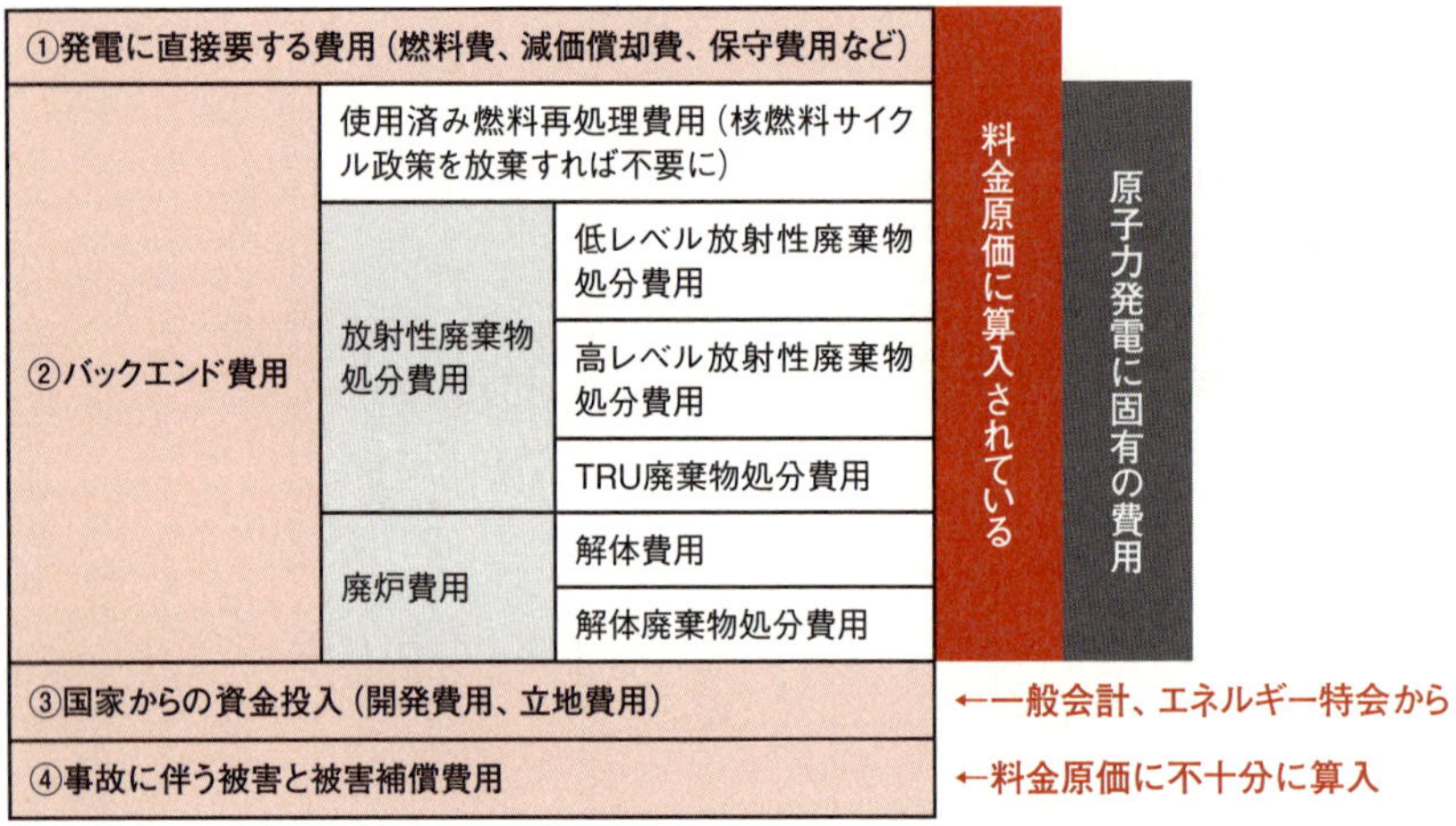

※出典：大島堅一著『再生可能エネルギーの政治経済学』

に0・1円／kWhなのに対して、原子力は2・05円／kWhにもなります。実に、20倍以上もの差がつけられているのです。

　これを加味して発電コストを計算したところ、【表2】のように出ました。見てのとおり、原子力は単独でも水力や火力より高く、揚水とあわせた数値はまさにダントツといえます。

　ただ、これはあくまでも過去の数字です。各電源の発電コストは今後、電力会社がどのような経営を行なうか、政府がどのようなエネルギー政策をとるかによって変わってきます。

　それでも相当な確信を持って言えるのは、原発の発電コストは高くなりこそすれ、とうてい安くはなりそうにないということです。

　ここまでは原子力発電にかかる費用として、燃料費や減価償却費、保守費用など発電に直接要する費用と、国から支出される開発費用や立地費用について言及してきました。原発はこのほ

表3 バックエンド費用の推計

再処理	11兆円
返還高レベル放射性廃棄物管理	3000億円
返還低レベル放射性廃棄物管理	5700億円
高レベル放射性廃棄物輸送	1900億円
高レベル放射性廃棄物処理	2兆5500億円
TRU廃棄物地層処分	8100億円
使用済み燃料輸送	9200億円
使用済み燃料中間貯蔵	1兆100億円
MOX燃料加工	1兆1900億円
ウラン濃縮工場バックエンド	2400億円
合 計	18兆8800億円

※出典：総合資源エネルギー調査会電気事業分科会コスト等検討小委員会（2004）「バックエンド事業全般にわたるコスト構造、原子力発電全体の収益性の分析・評価」

かに、バックエンド費用と事故の際の補償費用という〝不確実性〟の大きな費用がつきまとうという点で、ほかの電源と性格を大きく異にするのです【図1】。

バックエンドとはひとことで言って、使用済み燃料と放射性廃棄物の取り扱いを指します。いわば、原子力発電の〝後始末〟的な事業です。

2004年3月、経産相の諮問機関・総合資源エネルギー調査会が出した報告書によれば、バックエンド事業に要する費用は18・8兆円と試算されています【表3】。

この費用は、2006年から電気料金に上乗せする形で徴収が始まっていますが、電力会社から送られてくる明細には記載されていないため、ほとんどの人が気づいていません。1世帯1カ月当たりの負担額を『有価証券報告書総覧』の記載から計算したところ、2006年で181円、2007年で154円でした。

一方で電力会社は、「太陽光発電促進付加金」については明細に記載しています。消費者は原子力の負担の大きさを知らないまま、「自然エネルギーは負担になる」との印象を植え付けられかねないのが現状なのです。

18・8兆円を超えるバックエンド費用

バックエンド費用の18・8兆円という数字は現状においても十分に巨額ですが、これは将来、さらに膨らんでいく可能性が濃厚です。というのも、冒頭で触れた政府公表の発電コストの例と同様に、これが非常に甘い想定のもとで試算された数字だからです。

たとえば、再処理費用の試算11兆円という数字。ここには建設中の六ヶ所再処理工場で処理する分しか反映していません。この施設の再処理能力は年間800トン（ウラン換算）です。しかし、政府は使用済み燃料を全量再処理する方針を掲げており、その量は年間1000トン以上あるといわれています。これまでの原発操業で発生し、冷却プールに保管されている大量の使用済み燃料まで再処理しようとしたら、工場ひとつで足りないのは明らかです。

それにもかかわらず、「建設のメドが立っていない」との理由で第2再処理工場による再処理は試算に入っていません。全量再処理という政府の方針と整合性を持たせたら、必然的に費用はふくらんでいきます。

そもそもこの試算では、バックエンド費用のすべてが検討されているわけではないのです。国内では2009年から、再処理して取り出したプルトニウムを混合したMOX燃料（混合酸化物燃料）を軽水炉で使うプルサーマルが始まりました。それなのにこの試算では、MOX使用済み燃料の再処理ないし処分費用が検討されていません。

仮に方針通りに全量再処理を推進することになれば、追加コストが電気料金などに跳ね返ってくるのは避けられないでしょう。

それにしても、政府はなぜこうも湯水のように資金を注ぎ込めるのか？ ブラックホールのようにおカネを吸い込む原子力開発の実態を知ってみれば、誰もがこんな疑問を抱くのではないでしょうか。

その答えが、日本の「国産燃料」を生むと期待された「核燃料サイクル」なのです【図2】。しかし、この構想の核となる高速増殖炉の実用化は、原型炉「もんじゅ」の相次ぐ事故によってほとんど破たんしています。

そういった事態を受け、緊急避難的に進められているプルサーマルの経済合理性には大きな疑問があります。

とりあえず、六ヶ所再処理工場で40年間に使用済み燃料3万2000トンを再処理するのに11兆円かかるという試算を信用してみましょう。再処理したものをMOX燃料に加工するには、さらに1兆1900億円かかります。こうして12兆円以上かけて獲得できるMOX燃料にどれだけ価値があるのかといえば、ウラン資源換算で9000億円程度という数字が政府の審議会で報告されています。その資料を見た時、わたしは文字通り愕然としました。どこかで誰かがケタを間違えてしまったのではないかと、今でも疑っているほどです。

こんなムダなことをせずとも、原発のバックエンド事業には使用済み燃料を再処理せず、そのまま放射性廃棄物として埋設処分する方法（ワンススルー）も選択肢としてあります。

核燃料サイクルを放棄してこちらを選択すれば、再処理施設やMOX燃料加工施設から出る放射性廃棄物の心配をせずにすむので、バックエンド事業ははるかに単純化されます。18・8兆円という額も使用済み燃料を再処理することを前提として計算されたものですから、再処理しなければ費用も格段に少なくなるのです。

財政システムを封じて原発政策から方向転換を

最後に、【図1】の最下段にある、「④事故に伴う被害と被害補償費用」について触れます。わたしが行なった原発の発電コスト計算にも、この要素は盛り込んでいません。なぜならこの費用は、経済的なコストとして計算してはいけないものだからです。

福島の例に見られるように、原発事故は人々の生活、地域の安寧などに途方もない被害を与えます。場合によってはそこに、人体の健康や人命など、いくらおカネを積んでも絶対に取り戻すことのできないものまでが含まれてしまいます。

その現実を認識した以上、わたしたちは原子力政策の推進を容認すべきではありません。どんなエネルギーを使うにせよリスクはつきまといますが、原発事故のリスクは、われわれがマネージできる範囲を超えています。ここは速やかに、エネルギー政策を転換すべきでしょう。これまで原発にかけてきたべらぼうなコストを考えれば、自然エネルギーにシフトしても、十分やっていけます。

原子力政策を放棄するにしても、廃炉や放射性廃棄物処理のために莫大なコストがかかってしまいますが、費用を確定できれば、どのように負担するか計画を立てることができます。その方が、不確実なバックエンド事業を野放しにし、際限なくおカネを搾り取られるよりはマシでしょう。

そして、原子力政策を止めるうえで重要なのは、それを支えてきた財政システムを除去することです。政策を動かすおカネの出所が残っている以上、その政策は決して放棄されないからです。

図2　核燃料サイクルと高速増殖炉

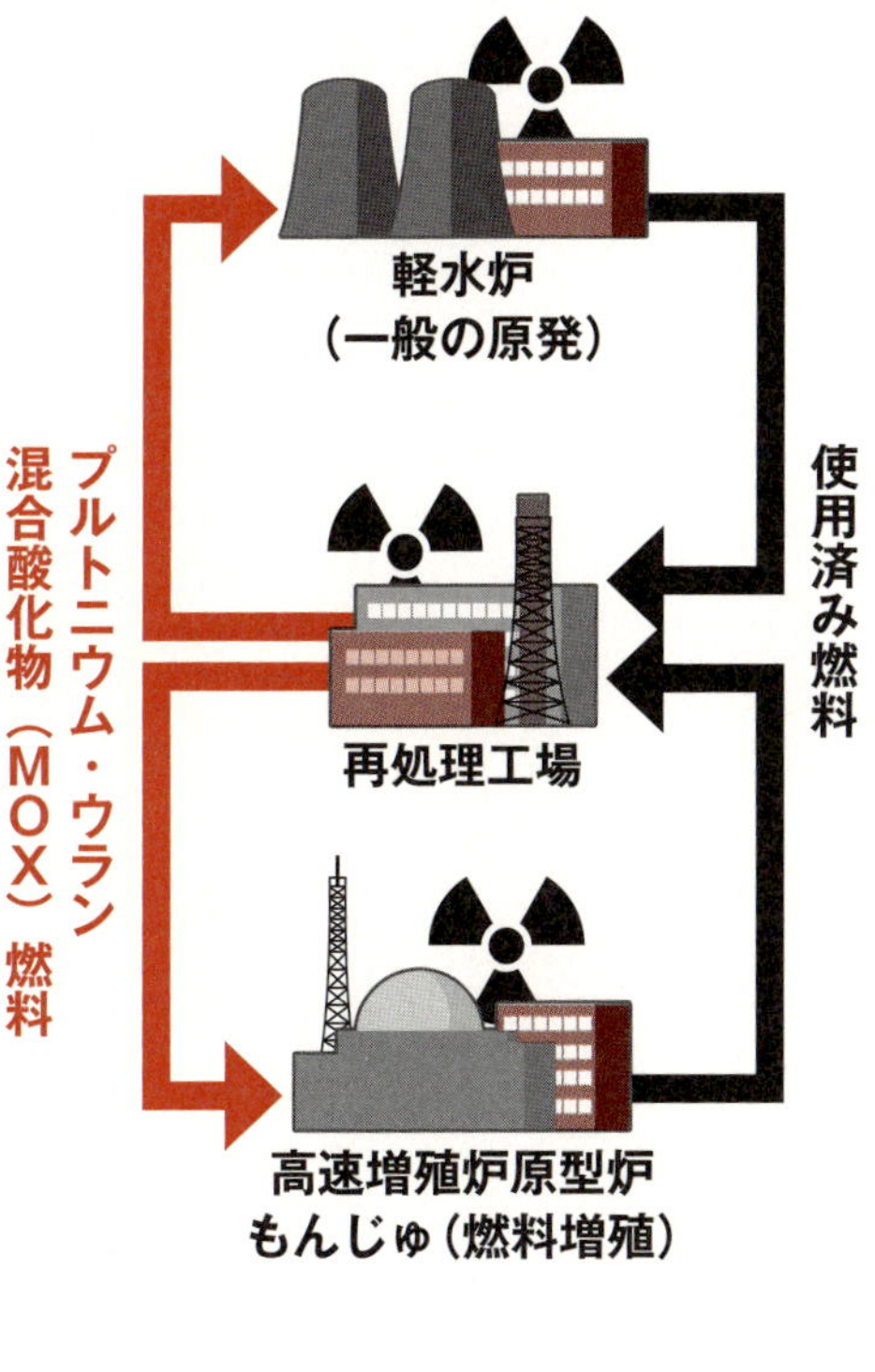

「原発の発電シェア3割」に隠されたウソ

原発は全設備が常にフル稼働しているわけではない。原発をさらに増やし、稼働率を上げていくという民主党の「エネルギー基本計画」もあるが、そんなことをすれば発電単価がさらに上がる。

民主党が打ち出した「エネルギー基本計画」の愚

　日本の電力は、火力発電が全体の65%弱を、原発が30%弱を賄っている。しかし、原発の設備能力は全体の20%ほどだ。この数値のズレは、火力と原発の設備利用率（稼働率）の違いに起因する。つまり、出力調整ができない原発を全出力で優先的に動かし、火力はほとんど休ませているのだ。

　近年、稼働率の低迷している原発だが、火力の稼働率はさらに低く、およそ30%でしかない。

　この事実を踏まえると、民主党政権が昨年策定した「エネルギー基本計画」が、いかにムチャなものだったかがわかる。

　基本計画では原子力について、次のように書かれている。

〈まず、２０２０年までに、9基の原子力発電所の新増設を行うとともに、設備利用率約85%を目指す（現状：54基稼働、設備利用率：（２００８年度）約60%、（１９９８年度）約84%）。さらに、２０３０年までに、少なくとも14基以上の原子力発電所の新増設を行うとともに、設備利用率約90%を目指していく〉

取り組む前から破たんが隠れていた「基本計画」

　現在の原子力発電の技術を基本に考えてみると、この計画には取り組む前から、「破たん」の隠れていることがわかる。第1章で見たとおり、原発は電力需要の少なくなる夜間にも発電を続けているため、放っておくとムダに電気をタレ流してしまう。

　それが非効率だということで、原発と平行して揚水発電の開発が進められてきたわけだが、そのおかげで原発（プラス揚水）の発電単価がとんでもなく高くついているのは、本章の冒頭で大島堅一氏が指摘しているとおりだ。

　このうえさらに原発を14基も増設し、稼働率を上げれば、夜間のタレ流しを吸収する揚水発電まで増設する必要に駆られる。それでは、発電コスト

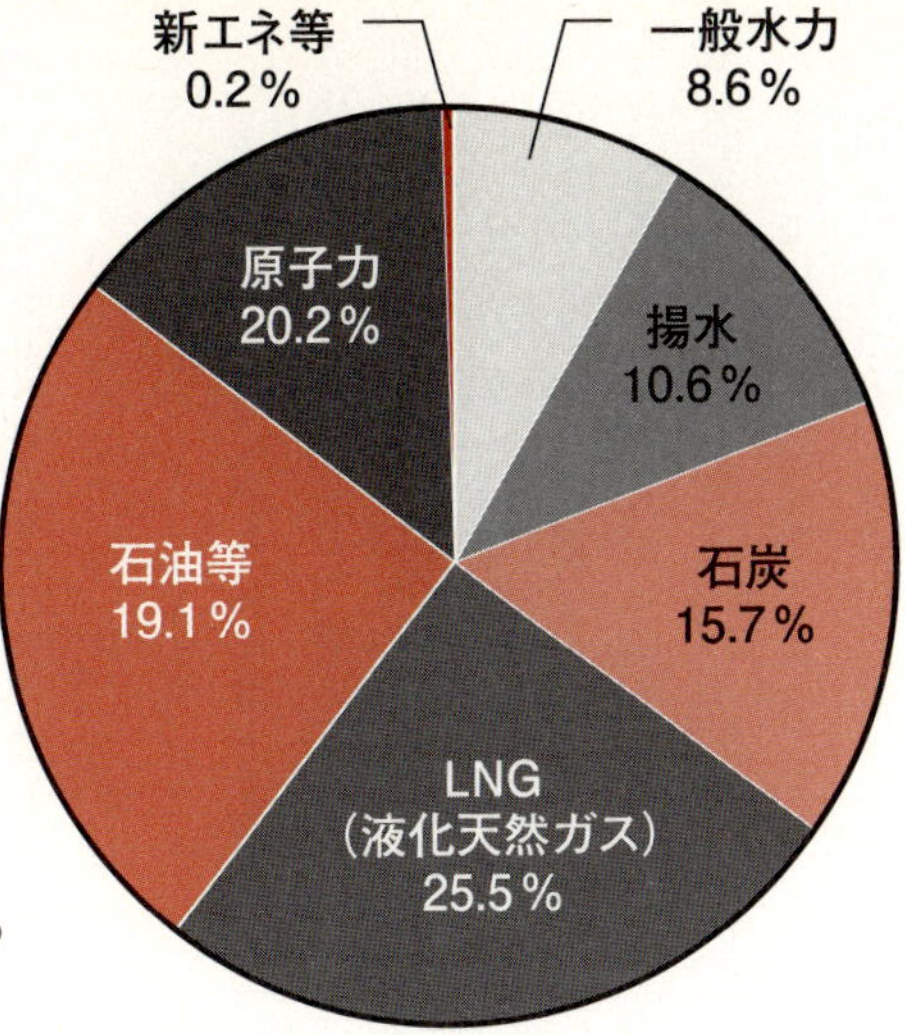

発電設備容量

各電源が最大限発電した場合の出力の合計に、それぞれが占める比率を示したもの。

※出典：「エネルギー白書2010」（環境エネルギー政策研究所）

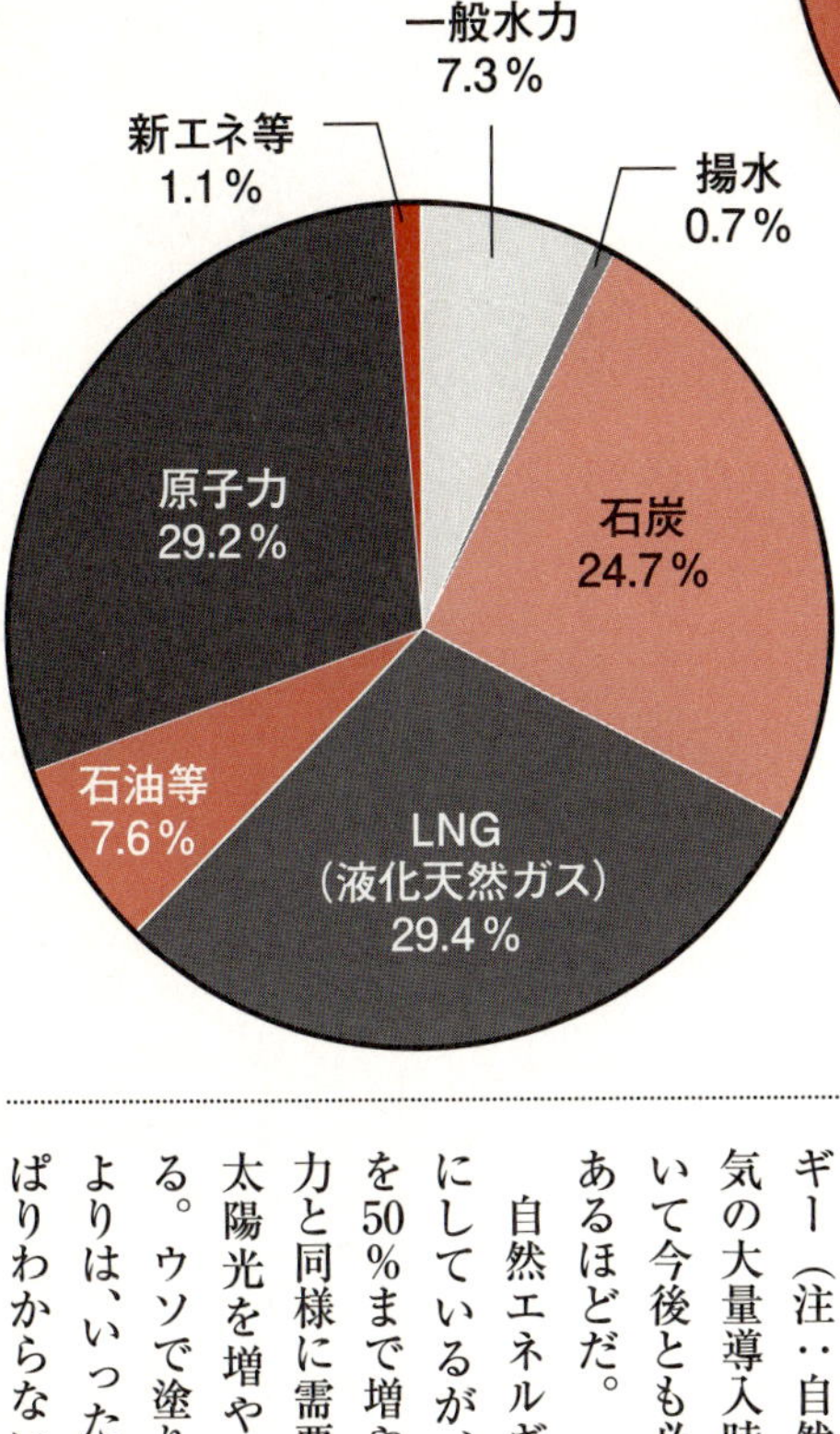

発電電力の電源構成

実際に発電した量に占めるそれぞれの割合。

※2009年度の発電電力量の電源構成
※出典：「エネルギー白書2010」（環境エネルギー政策研究所）

がどこまで上がるかわからない。

ならば民主党政権は、揚水を火力の代替と考えていたのか。そうすれば、昼間のピーク需要を揚水で賄うことで、「化石燃料の輸入と温室効果ガスの排出を減らせる」との言い訳ができなくもない。

しかし、基本計画のなかにそのようなアイデアは見られない。代わりに、「火力発電は、安定供給及び経済性の確保の観点に加え、再生可能エネルギー（注：自然エネルギー）由来の電気の大量導入時の系統安定化対策において今後とも必要不可欠」との記述があるほどだ。

自然エネルギーを火力維持の言い訳にしているが、「ベース電力」の原発を50％まで増やしてしまっては、原子力と同様に需要に追従できない風力や太陽光を増やす余地はいっそう狭まる。ウソで塗り固められているというよりは、いったい何がしたいのか、さっぱりわからない基本計画である。

夢のまた夢「核燃料サイクル」に使われた3兆円超の仰天コスト

いまだに完成しない使用済み核燃料の再処理工場、いつになったら実現するのかわからない高速増殖炉「もんじゅ」。その陰では莫大なコストの負担が、ひっそりと国民に押しつけられている！

再処理工場の建設が18回も延期されて

青森県の六ヶ所村に使用済み核燃料の再処理工場の建設を進めている日本原燃は、２０１０年9月、同工場の完成を2年延期し、２０１２年10月とすると発表した。原燃が再処理事業を国に申請した１９８９年当時、完成予定とされていたのは１９９７年12月だ。しかし、トラブルが相次ぐなどしてこれまでに18回も延期され、そのたびに建設費用も膨らんだ。構想当初は６９００億円ですむとされていたのが、現在では実に約2兆２０００億円。予定通りに工事が進まなければ、さらなる費用の膨張もあり得る。

こうした現象は、ほかにも見られる。

ウラン燃料を軽水炉で燃やすと、核分裂によりプルトニウムが生まれる。使用済み核燃料を再処理工場に持ち込んでプルトニウムを取り出し、ウランと混ぜた燃料を製造。それを高速増殖炉で燃やすと、核分裂反応により投入分以上のエネルギー源が生成される——これが当初意図されていた核燃料サイクルだが、計画の中心となる高速増殖の原型炉「もんじゅ」の事故停止を受けて、国は混合燃料（ＭＯＸ燃料）を軽水炉で燃やすプルサーマルに舵を切った。

この間、完全に〝お荷物〟となっていたもんじゅに投じられた費用は９０００億円。そのうち２３００億円が、停止中の維持管理費に消えている。

ここ数年以内に高速増殖炉が実現されなければ……

核燃料サイクルの歴史は古い。１９５４年、衆議院議員として日本で初めて原子力開発を政府に予算化させた中曽根康弘元首相は、月刊誌『Ｖｏｉｃｅ』２００４年9月号に掲載された対談のなかで、「自分たちは最初から核燃料サイクルの長期計画でつくっていた」という趣旨のことを語っている。当時から核燃料サイクルの研究に湯水のようにカネがつぎ込まれてきた

うなぎのぼりに膨張する
青森県六ヶ所村・再処理工場の建設費用

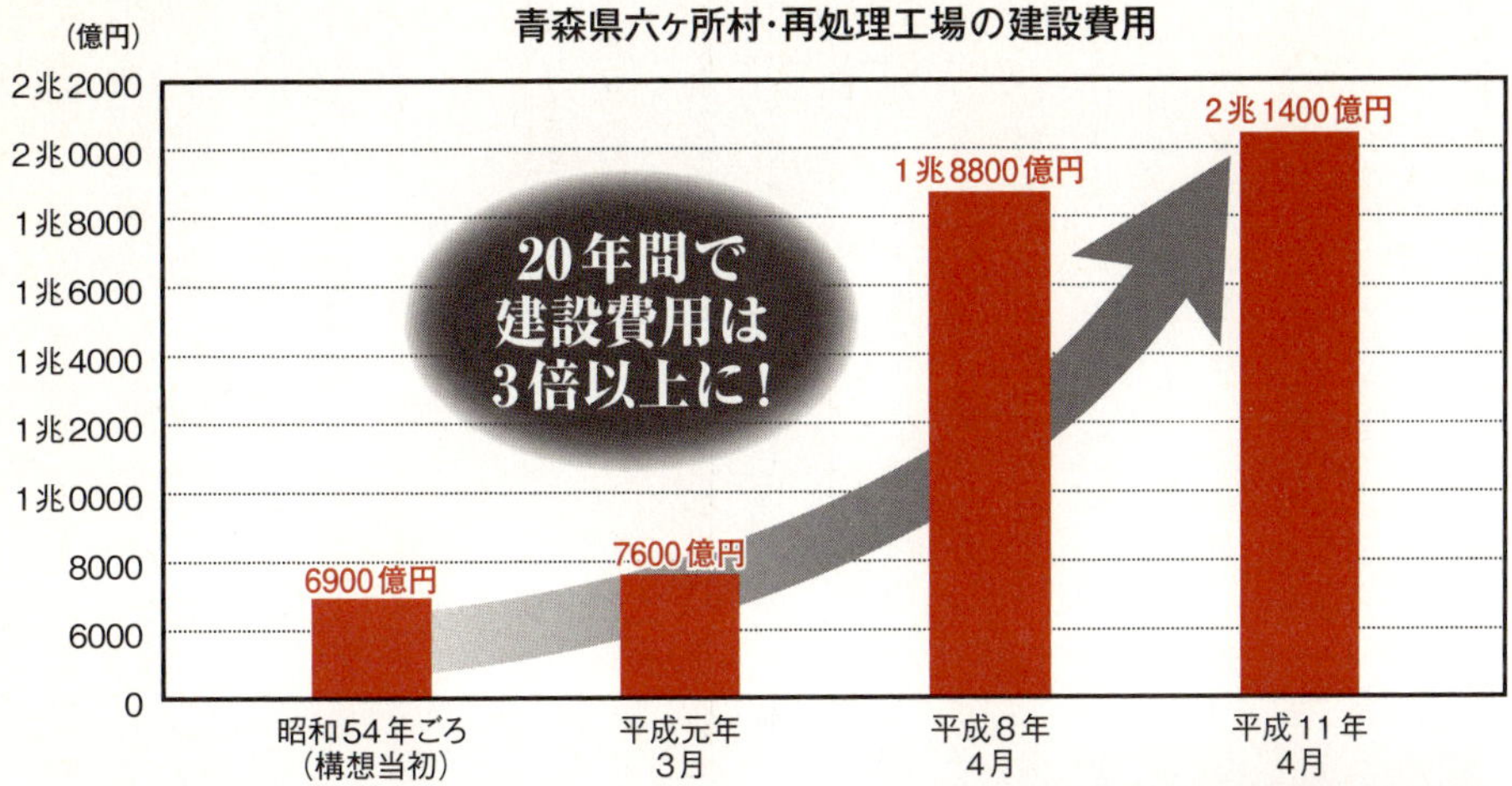

青森県六ヶ所村の核燃料サイクル施設。国内の電力・エネルギー関係者らが期待を寄せていたが、カネ食い虫となっている(時事)

福井県にある"夢の"高速増殖炉もんじゅ。2010年に炉内中継装置が落下するなどたびたび事故を起こしており、本格的な実用化には程遠い(同)

としたら、その総計がいくらになるのか想像も及ばない。

それでも、核燃料サイクルがいつか日の目を見るなら救われるかも知れないが、その可能性は低いと言われている。技術的な難しさもさることながら、時間の遅れが、挽回の余地を狭めているからだ。くわしくは72ページで説明するが、ウランの可採年数は残り数十年でしかない。

一方、高速増殖炉がエネルギーを倍化――すなわちもう1基分の燃料をつくり出すには、40年ほどかかる。一国の電力需要を賄えるほどの基数が揃うまでには、もしかしたら1世紀近く要するかもしれないのだ。

つまり、ここ数年以内に高速増殖炉が実用化されなければ、軽水炉からのバトンタッチに間に合わないのである。

原発に損害保険をかけたら保険料は年間いくらになる？

原発ははたしてビジネスとして成立するのか？　世界の投資家はそれをどう見てきたのか？　原発事故に対する損害保険が成立するか否か、それを見れば原発ビジネスの本質がわかる。

ざっと計算しただけで3兆6000億円！

これまで地震や津波などで原発事故が起きた場合への備えとしては、「原子力損害賠償法（原賠法）」に定められた「原発1カ所当たり1200億円まで国が補償」という仕組みしかなかった。最終的な賠償責任額が数兆円から十兆円以上とも言われる福島第一原発の事故は、それが気休めにもならないことを明らかにした。

それでは、原発に保険をかけるとなると、一体どのくらいの保険料を請求されるのだろうか。

以前、ドイツで「原発に対する無限責任保険」の保険料が試算されたことがあるが、その時は1kWh当たり日本円で「13円」という数字が出ている。前出の大島堅一氏の試算によると、「原発＋揚水」に財政支出を含めた発電コストに匹敵する水準だ。これを2009年における国内原発の年間発電量（約2774億kWh）にかけ合わせると、約3兆6062億円になる。燃料などの発電コストとは別に、毎年これだけの保険料を請求されるのである。

しかし、こうして金額が試算されても、これほどリスクの高い保険は誰も引き受けないだろうし、電力会社も保険料を払えるはずがない。つまり、原発は「リスク・リターン」の関係が絶対に成り立たないシロモノといえるのだ。

投資家たちにそっぽを向かれ政府が保証しても計画放棄

このリスクの高さを、世界の投資家たちは敏感に感じ取っている。

格付け会社のムーディーズが2008年、過去に原発を建設、あるいは原発に投資したアメリカの電力会社の格付けを分析したところ、48社のうち40社の格付けが原発への投資後に下がっていた。

また、メリーランド州のカルバート・クリフス原発に原子炉3号機の建設を目指していたコンステレーション・エナジー社が、2010年10月に計画からの撤退を発表した経緯は示唆的と言え

日本の原子力賠償制度の概要

電力会社は原子力損害賠償法などに基づき、「原子力損害賠償責任保険」を民間保険会社と、原子力損害賠償補償契約を政府と結んでいる。電力会社の過失などによる一般的な事故の場合は前者から、地震や津波に起因する事故の場合は後者から、原発1カ所あたり最大1200億円まで支払われる。

社会的動乱や極端に巨大な天災地変の場合、電力会社は免責となるが、東日本大震災については津波対策が不十分だったことなどから、これには当たらないと解釈されている。

1200億円を超える賠償については電力会社が無限責任を負うと決まっているが、今回のような大事故にどのように対応すべきかについては定められていない。

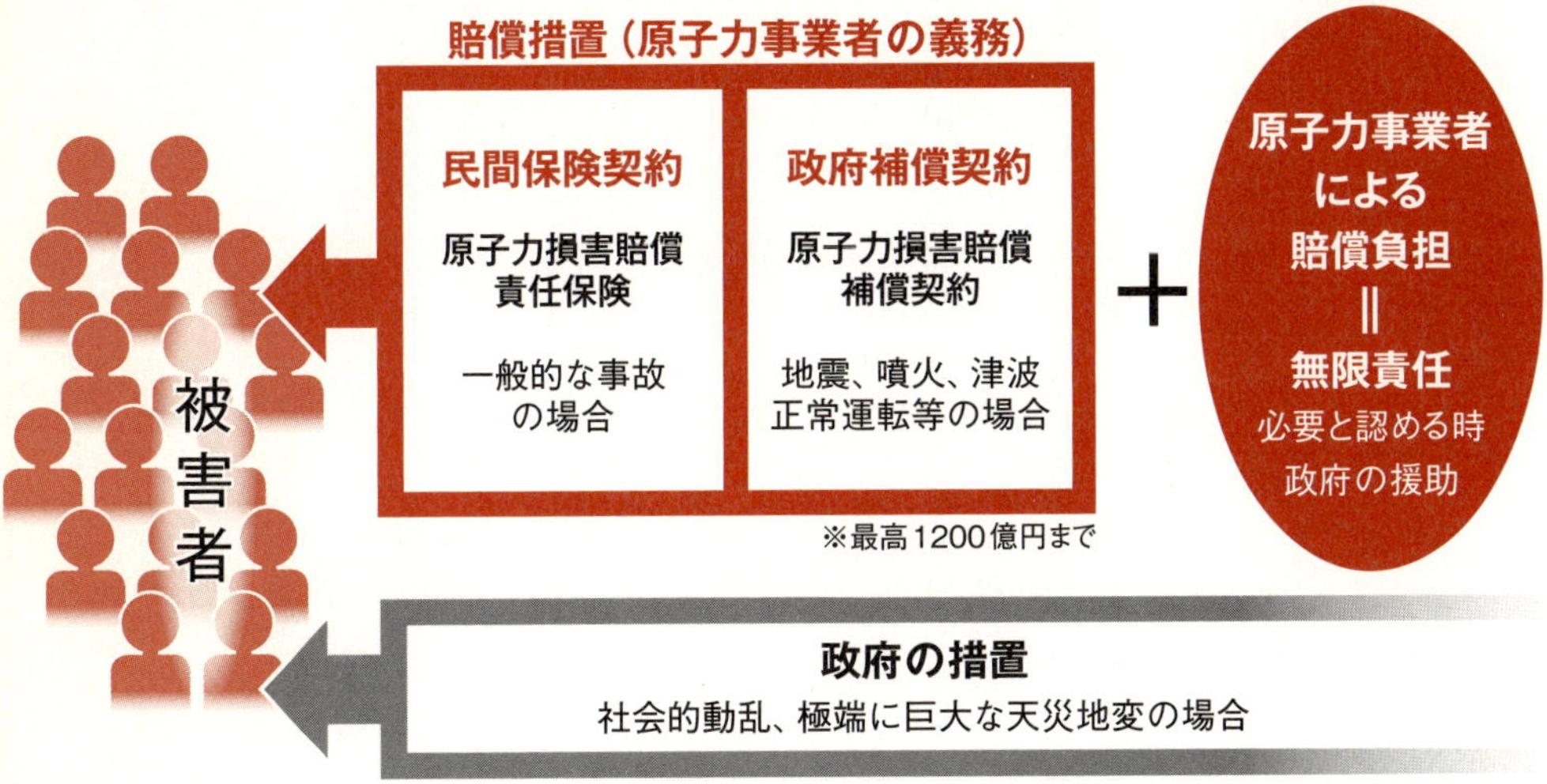

る。米エネルギー省は75億ドルもの債務保証を同社に与える予定だったが、その条件をめぐって対立し、決裂したのだ。

その条件とは、コンステレーション・エナジーが新規原発の発電量の75％について「絶対に売れる」と確約し、それを保証する意味で「ローンの頭金として3億ドルを差し入れよ」というものだった。これを同社が蹴ったということは、原発のためには3億ドルのリスクすら取れないと判断したことになる。

そもそも原発は建設期間が10年前後と長いため、投資から回収までのスパンが長くなりがちだ。また、システム自体が古いものであり、風力や太陽光発電のように、技術革新による効率の飛躍的向上が期待できないという面もある。あえて大きなリスクを取っても、「逆転満塁ホームラン」のようなボーナスは期待できないのだ。

そこに、福島の悲劇が重なった。投資家たちの足は、いよいよ原発から遠のくかもしれない。

新設すればするほど建設コストが増大
原発は「安くならない」異端の技術

多くの製品は、生産が増大すると技術が向上し、生産単価が下がる。これを「技術学習効果」が働くと言うが、原発にはなぜかそれが当てはまらないようだ。

わずか4年で3倍に
費用膨張で建設停止

東日本大震災の発生から間もない4月、アメリカの大手電力卸業者のひとつであるＮＲＧエナジーは、東芝とともにテキサス州南部で計画していた２つの原子炉建設を停止すると発表した。背景にあるのは、シェールガスと呼ばれる安価な天然ガスの大増産によって原発のコスト優位性が低下したことと、建設費の膨張である。

同計画の見積もりコストは２００６年には56億ドルと見られていたが、それからわずか４年で３倍の１８０億ドルに膨れ上がった。もとをとるためには、電力を市場価格よりかなり高めの値段で売らなければならない。現に、同社の大口顧客のうちいくつかは、新規原子炉からの長期購入契約を渋りに渋っていた。同社のデイビッド・クレイン社長は、「この計画のための資金調達に深入りするのはリスクが大き過ぎる」と語ったという。

これは、アメリカだけに見られる例ではない。フランスの原子力総合企業アレバは、海外輸出戦略炉の初号機であるフィンランド・オルキルオト原発３号機の建設の遅れで費用が当初の30億ユーロから56億ユーロに膨らみ、累計で26億ユーロの引当金を積んでいる。これが大きく響き、２０１０年には創業以来初の営業損失（４億２３００万ユーロ）を計上した。

厳しくなる安全基準
劣化する施工技術

左上のグラフは、アメリカの原発ごとの総建設費を原子炉の出力で割り、１ｋＷ当たりの建設費を算出して分布させたものだ。すでに稼働中のものはコストの増大傾向を顕著に見せているほか、普通なら低く抑えられがちな新規原発の費用見積もりも、２０００年代後半からは一気に高まっている。

日本国内でも原発の建設費は増大しているが、背景に総括原価方式があるとわかればカラクリは理解しやすい。

アメリカの原発建設単価の推移

アメリカの原発104基の出力1kW当たりの建設費と、現在計画されている新規原発のコスト見積もりの分布図。時代とともにコストが増大していることがわかる。

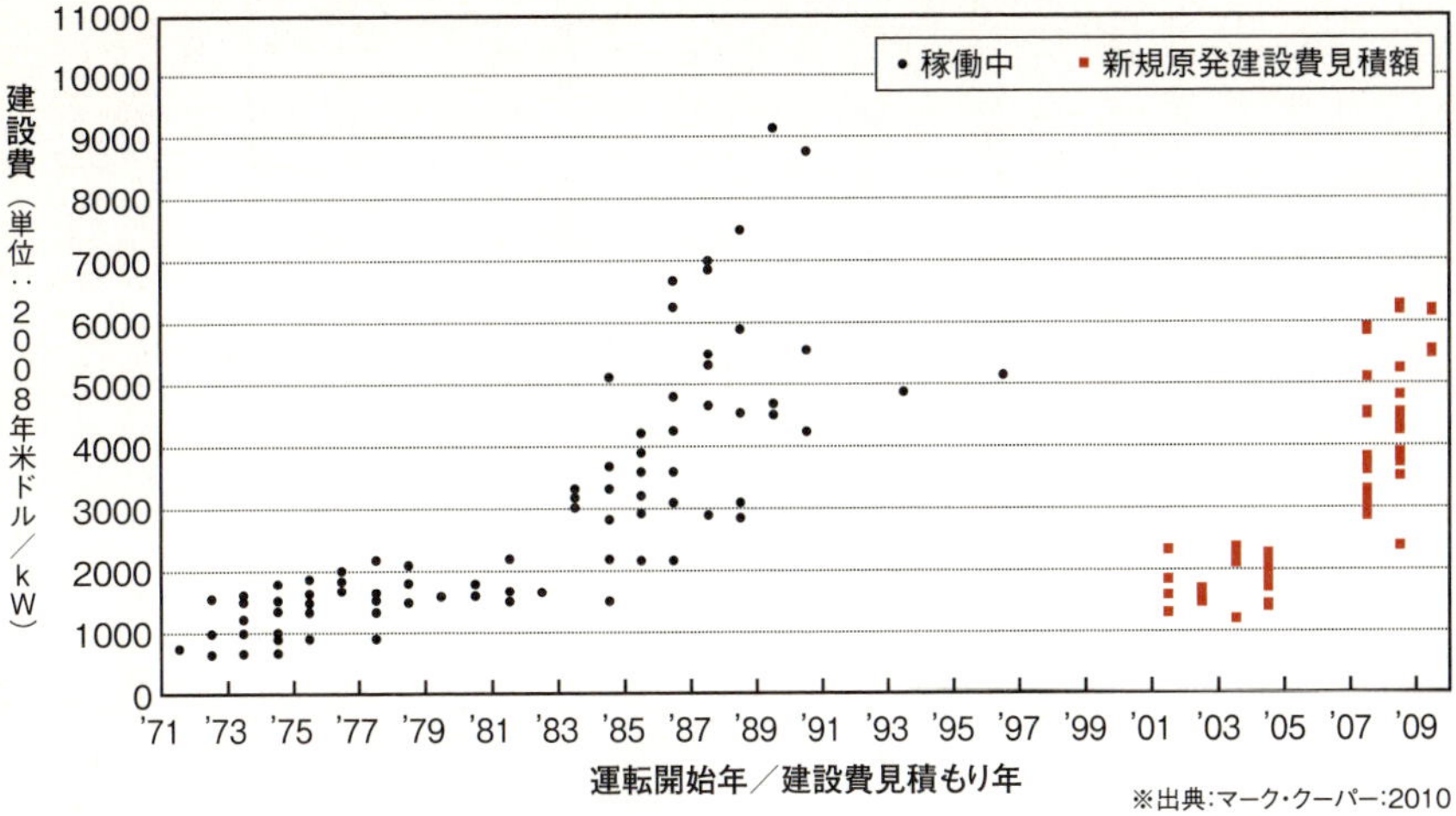

※出典：マーク・クーパー：2010

フィンランド西部にあるオルキルオト原子力発電所の建設工事。3号機建設の遅れで26億ユーロの引当金を積んだ（2008年、時事）

しかし電力自由化がなされ、コストも価格も自由競争が行なわれている欧米で、なぜこんなことが起きるのか。

理由のひとつには、年々厳しくなる一方の安全基準がある。より安全なものをつくろうと思えば、そのための投資を増やすしかない。

もうひとつは、現場の施工技術が落ちていることだ。特に欧米の場合、建設現場では多くの移民労働者や技術者を採用するが、言語の壁によって意思疎通に齟齬が生じ、作業のやり直しが頻繁に発生する。習熟を待とうにも、彼らにその機会は与えられない。建設期間の長い原子炉は同じ地域で毎年何基もつくられるということがなく、安全基準の変化に従い設計の細部が頻繁に更新されるためだ。

通常、パソコンや携帯電話のように、生産が増大すると技術が向上しコストの下がる「技術学習効果」が働く。原発はおそらく唯一、その効果を期待できない技術体系なのだ。

COLUMN 3

「原発は脱CO_2の最終兵器」のウソ

原発がCO_2削減のカギとはならない

原発は短期的なCO_2ガス削減には貢献しない――。この見解は今や、世界の常識になりつつある。たとえば世界銀行は2009年の時点で次のような見解を示している。

「原子力には相当の資本と高度の熟練職員が必要であり、運転開始までのリードタイムが長く、短期の炭酸ガス排出削減の効果は限られている。1基の原子力発電所の計画・許認可・建設には、普通10年かそれ以上の時間がかかる。また、近年は発注が減っていることから、原発の数多くの重要部品の製造能力も世界中で縮小してきており、この製造能力を回復するだけでも少なくとも10年はかかるであろう」（世界開発報告2010）

これまで、地球温暖化による深刻なダメージを避けるために国際的に共有されてきた認識は、「2050年に世界全体でCO_2排出を半減する」「産業革命前に比べ気温上昇幅を2度以内に抑える」というもの。実現するには、今後10～20年のうちに世界の排出量を半減させなければならず、リードタイムが長い原発では間に合わないのだ。

石炭増強を並行させた電力業界の苦悩

また、原発をCO_2排出削減対策の中心に据えた場合、手痛い「逆効果」を招く可能性が高い。巨大電源である原発が停止すると、その供給力を補うために火力発電所がフル稼働するため、一気にCO_2ガスの排出が増えるのだ。

しかし、そうしたアクシデントに見舞われずとも、原発が日本の排出削減に貢献した可能性は小さい。電力会社は「地球温暖化防止」の大義名分の下で原発増設を進めたその裏で、1990年代を通じて石炭火力発電所を増強してきたからだ。

出力調整の利かない原発の短所を火力で補う必要があるとしても、国と電力会社があえて石炭を選んできたのはなぜなのだろうか。なにしろ、石炭はエネルギー源のなかでも炭素排出係数がもっとも高く、液化天然ガスの1・8倍以上にもなるのだ。

その答えは、単に「安価で手に入りやすいから」。原発と石炭火力の増強は、あくまで「エネルギー安全保障」を満たすために推進されたのであり、温暖化防止など二の次だったのである。

リードタイムが長く、巨大ゆえに停止時のインパクトが大きいという原発の短所に加え、政府と電力会社のこの不誠実さである。日本のCO_2排出削減対策は、この先も相当な困難を背負うことになるかもしれない。

第4章

原発ゼロで産業衰退のウソ

日産／ロイター／アフロ

新興国の電力不足、停電リスクはケタ違い！

原発停止で企業が海外に逃亡するの大ウソ

経済界、メディアが大合唱を繰り返してきた「企業の海外逃亡」。原発再稼動を狙ったこれほどあからさまなウソはない。企業が日本を捨てるとすれば、それはむしろいまだに電力会社の地域独占を許している古い体質にこそ根本的な原因がある！

談＝飯田哲也
（環境エネルギー政策研究所所長）

電気料金が10%上がってもコスト増はわずか0・1%

原発を止めて電気料金が上がれば、企業が一斉に海外へ出て行ってしまう――。

電力や電気料金をめぐる数々のウソのなかでも、これほどあからさまなウソは聞いたことがありません。しかし原子力ムラの人々は、繰り返しこのウソをつきます。彼らが余りに確信めいた言い方をするものだから、一部のメディアなどはまんまと踊らされてしまっているほどです。

これまでの各章で説明されてきたとおり、原発は日本の電気料金を安く抑えるどころか、「高止まり」させる最大の要因になってきました。原発停止を食い止めるために電気料金について云々している人たちの関心事は、自分たちが原発から得てきた利益が維持されるかどうかであり、その利益の源泉こそは、総括原価方式が生み出す高い電気料金にあるのです。

ただ、原発を止めたら自動的に電気料金が下がるのかといえば、そんなことはありません。発送電分離を実現して電力市場を改革し、風力や太陽光などの多様な発電業者が公正に競争できる環境を整えなければ、廃炉費用の増加などでむしろ電気料金は上がってしまう可能性すらあります。

しかし仮にそうなったとしても、単純に電気料金だけを理由に企業が海外移転するなどということは、まず起こりません。それは現実を見れば、すぐにわかることです。

今、工業出荷額の平均コストに占める電気料金の割合は1・3％ほどです。もし、電気料金が10％上がったとしても、コスト全体から見ればわずか0・13％の増加にしかなりません。

企業が生産拠点を海外に出す主な理由は、人件費や法人税率などのより比重の大きなコストや、移転先の市場の潜在成長力などにあるのが普通なのです。

もちろん、大量の電気エネルギーで製鉄を行なう電気炉メーカーなど、コストに占める電力の比重の高い業種もなかにはあります。ただ、そういった業種の場合、電力供給の安定性の問題が出てきます。中国など新興国のほとんどは、電力不足の深刻さの度合いが日本の比ではなく、停電の多さもケタ違いです。

つまりは電気料金や電力供給を理由に海外へ出て行くにせよ、いったいどこに出て行くのだろうか、という疑問が生まれるのです。

「無計画停電」でバレた大規模集中型電源の弱点

電気料金のせいで企業が逃げ出すという「作り話」の源流をたどると、事実の〝すり替え〟が見えてきます。震災後に起きたことを、もう一度思い出してみてください。

この春、確かに多くの企業がひどい目に遭いました。その原因は、単に原発が止まったからというだけではありません。直接的には、電力会社のでたらめな「無計画停電」によって、サプライチェーンの要の施設まで電力の供給を断たれたがために、企業活動が甚大なダメージを負うことになったのです。

実は、あの「無計画停電」が不可避だったかと言えば、そんなことはないのです。

電力会社は、一部の大口需要家と、「需給調整契約」を交わしています。これは、電力需給が逼迫した時に電力会社が使用削減を要請できるもので、震災時には東電管内で約1300件の契約があったとされています。

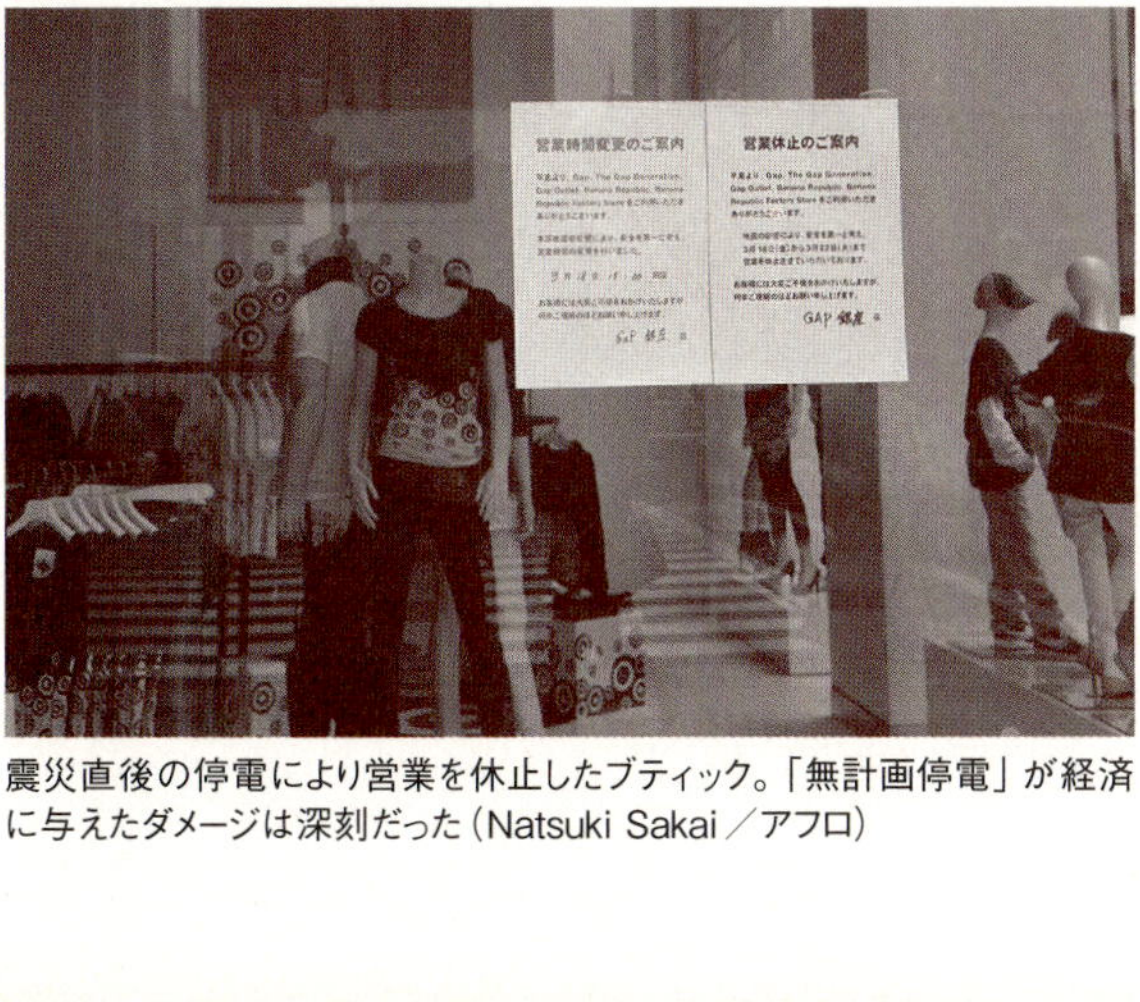

震災直後の停電により営業を休止したブティック。「無計画停電」が経済に与えたダメージは深刻だった（Natsuki Sakai／アフロ）

図1　震災直後における電力需給のイメージ

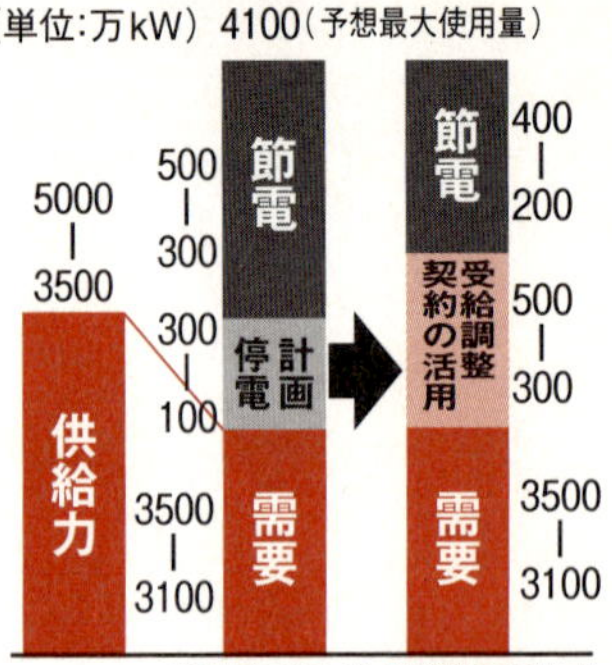

※環境エネルギー政策研究所作成

これを活用し【図1】、あるいは政府が電気事業法に基づいて、大口需要家（契約電力500kW以上）の使用最大電力を制限することのできる「電力使用制限令」をあわせて用いるなどすれば、信号や鉄道、病院といったライフラインの電力さえ止めてしまうような無差別テロに近い無計画停電は避けられたはずなのです。

今、企業の競争環境が厳しくなっているのは、あの時に逃した受注がなかなか戻らないからであり、「これから電気料金が上がるから」ではないのです。

この現実を踏まえたうえで「そもそも」の話をするならば、原発のような大規模集中型電源に依存する電力供給体制は、災害などのアクシデントに対して脆弱だと言うことができます。

たとえば1999年10月27日、京都府を中心に、関西電力管内で1時間にわたり停電したことがありました。

引き金になったのは、西京都変電所（京都市西京区）における50万ボルト変圧器の保護装置のトラブル。これを受けて高浜原子力発電所の原子炉1、3、4号機が自動停止し、40万戸以上にわたる大停電となったのです。

この時は鉄道で約6万人の足が止まり、エレベーターに閉じ込められるなどのトラブルで救急車20台が出動しています。信号機も止まり、病院の電力供給も断たれましたが、ケガ人や犠牲者の出なかったことが不幸中の幸いでした。

また2003年には、東電による原発の「トラブル隠し」が発覚して17基の原子炉すべてが停止する事態になり、「あわや大停電」と騒がれました。

さらに2007年には、柏崎刈羽原発（新潟県柏崎市と同県刈羽郡刈羽村）が新潟県中越沖地震の直撃を受けて全基停止し、この時も大停電の危険性が指摘されました。

そして今回の東日本大震災で、ついにそうした懸念は現実のものになりました。「無計画停電」が人為的な操作によるものであり、突発的なできごとではなかったとしても、東電が原発停止時の選択肢としてそれしか持たなかったという意味で、大規模集中型電源の弱点を露呈したものといえるのです。

日本の電力会社は規制緩和の最大抵抗勢力

いかなる状況下においても最大限の電力を供給できるよう、体制を整えておく――これこそは、電力会社と電力行政の使命です。そのためには、特に非常時において、企業などが持つ自家発電設備の余剰分、いわゆる「埋蔵電力」が十分に活用されなければなりません。

こうした電力を利用する仕組みとして、日本卸電力取引所（JEPX）があります【図2】。これは、大手電力会社や新規参入の電力事業者が余剰電力を融通しあう「電力のマーケット」で、2005年から始まった取引には、まとまった規模の自家発電設備を持つ鉄鋼メーカーや石油化学など約50社が参加。翌日に使う電力（スポット）などを売買しています。

ここには大企業しか参加できず、2010年度の約定電力量は国内需要の約1%に過ぎませんでしたが、これを拡大することができれば、原発のような巨大電源が停止した際の安全装置になります。

ところが、JEPXの東京エリアでの取引は、震災後2カ月以上にわたって停止されていました。送電インフラを独占している東電が、自社の電力供給が不安定なことを理由に、取引所で約定した電力の託送を再開しなかったためです。

果たしてそれが、「電力不足キャンペーン」の一環だったのかどうかは判然としません。しかし少なくとも、電力業界や経済産業省が、非常時において埋蔵電力を活用できる仕組みを持とうとしてこなかったのは事実と言えるでしょう。

彼らが、そうした備えを持つ必要性から目を背けてきた理由は明白です。自家発電の余剰電力の融通に便宜をはかるためには、送電インフラを開放せねばならず、それは既存の電力会社の独占を弱めることにつながるからです。

近年における企業の海外移転の加速は、国内市場のさまざまな規制緩和の遅れが大きな要因であると指摘されています。まさにそれと同じ問題が電力行政のなかに存在するのであり、原発を止めることで電気料金が上がるかどうか、それによって産業空洞化が進むかどうかは、そうした「市場の歪み」の結果でしかないのです。

図2　日本卸電力取引所（JEPX）で行なわれる取引のイメージ

自家発電事業者たちの送電は、送電インフラを所有する電力会社の事情に左右されてしまう。

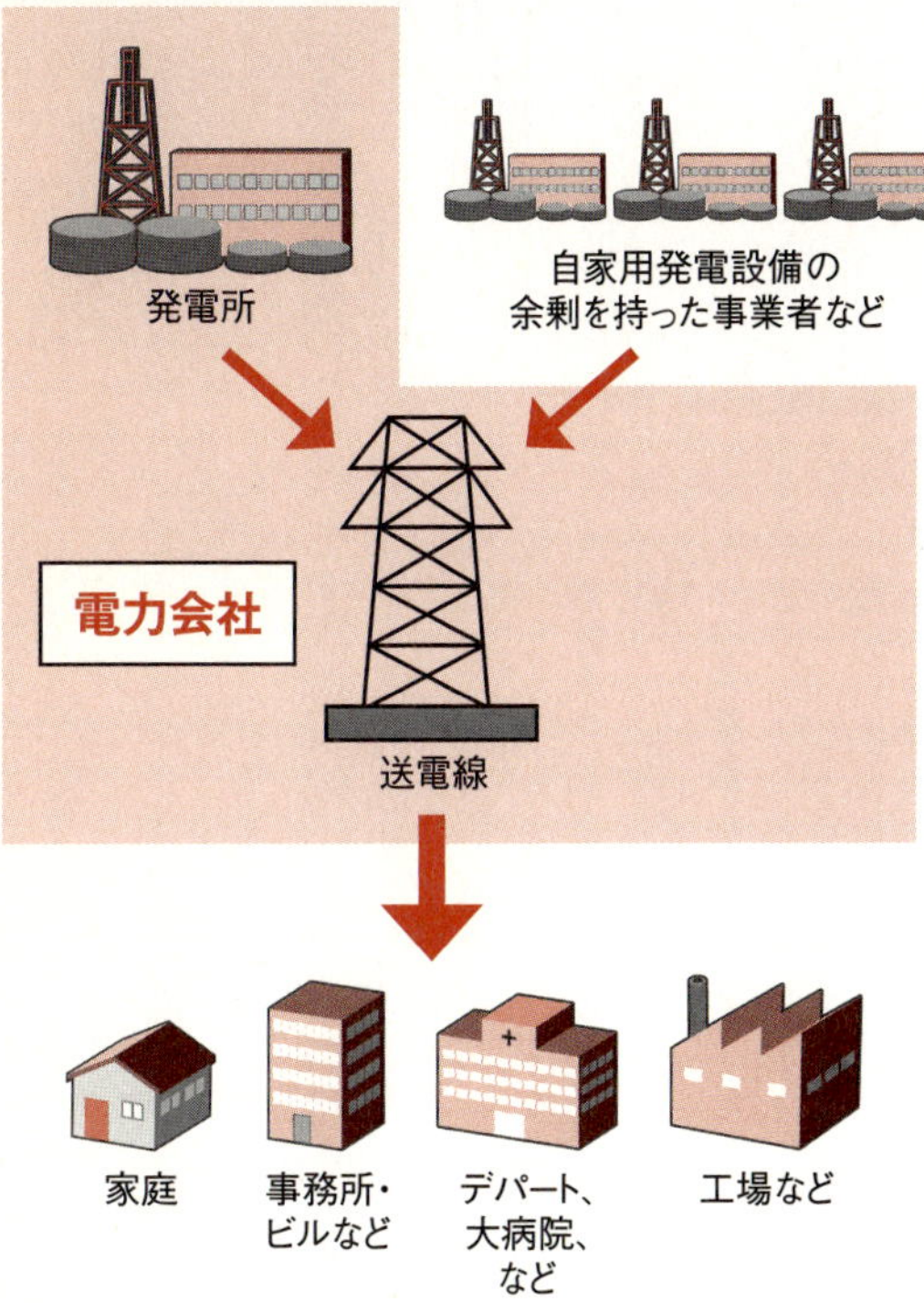

埋蔵電源を無視したまま「原発停止で産業衰退」の笑止千万

地域独占の電力会社とは別に存在する電源供給中心の電力会社＝ＰＰＳ、大型自家発電設備を持つあまたの企業……。「埋蔵電源」を生かす電力供給にもっと注目すべきだ。

計画停電で新電力会社の電力までカット

日本経済を大混乱に陥れた震災直後の無計画停電。最大の被害者はＰＰＳ（特定規模電気事業者）とその顧客だったかも知れない。ＰＰＳとは、大型顧客と直接、業務用電力の需給契約を結ぶ、電力市場の自由化にともない登場した発電主体の新電力会社で、既存の送電網を料金を払って使用する。

したがって、ＰＰＳと契約している企業であれば、計画停電区域に入っていても電力は無事に受けられるのが道理のはずだった。しかし、東電は「一律での電力カット」を理由にＰＰＳへの送電網の割り当てを認めず、ＰＰＳの顧客も計画停電の対象にしてしまった。送電網独占の弊害が、こんなところでも現われた格好だ。

電力自由化は、バブル経済崩壊後に日本の電気料金が国際的に割高だと批判を受けだしたことを契機に、１９９０年代中盤から段階的に進められてきた。しかし現在、ＰＰＳなど新規参入組の市場シェアは２％にとどまり、電力会社の脅威にはなっていない。自由化は実質上、機能していないに等しい。

自由化失敗の象徴が日本卸電力取引所だ。進まない自由化の突破口になることを期待して２００５年４月から開設された日本卸電力取引所だが、電力会社の「玉だし（卸売り電力）」不足で慢性的に低調で、震災後には長期間機能を停止している。ＰＰＳ事業を営む「需要家ＰＰＳ」も、相次いで同取引所から脱退している有様だ。

大規模な自家発電設備を持つ企業は救世主

一方で、今夏、埋蔵電源として期待を集めた大型自家発電設備を持つ企業は、電力融通で大きな存在感を見せている。たとえば日本製紙グループは、連日、最大４万２０００ｋＷを東電に融通しているし、三井化学も７月１日以来、１万ｋＷを東電に融通。三井化

大口自家発電施設者懇話会会員各社の電源総出力

「大口自家発電施設者懇話会」の会員となっている各社の電源総出力は、なんと1800万kW近くあり、電力会社の規模と比較してもそん色がない。

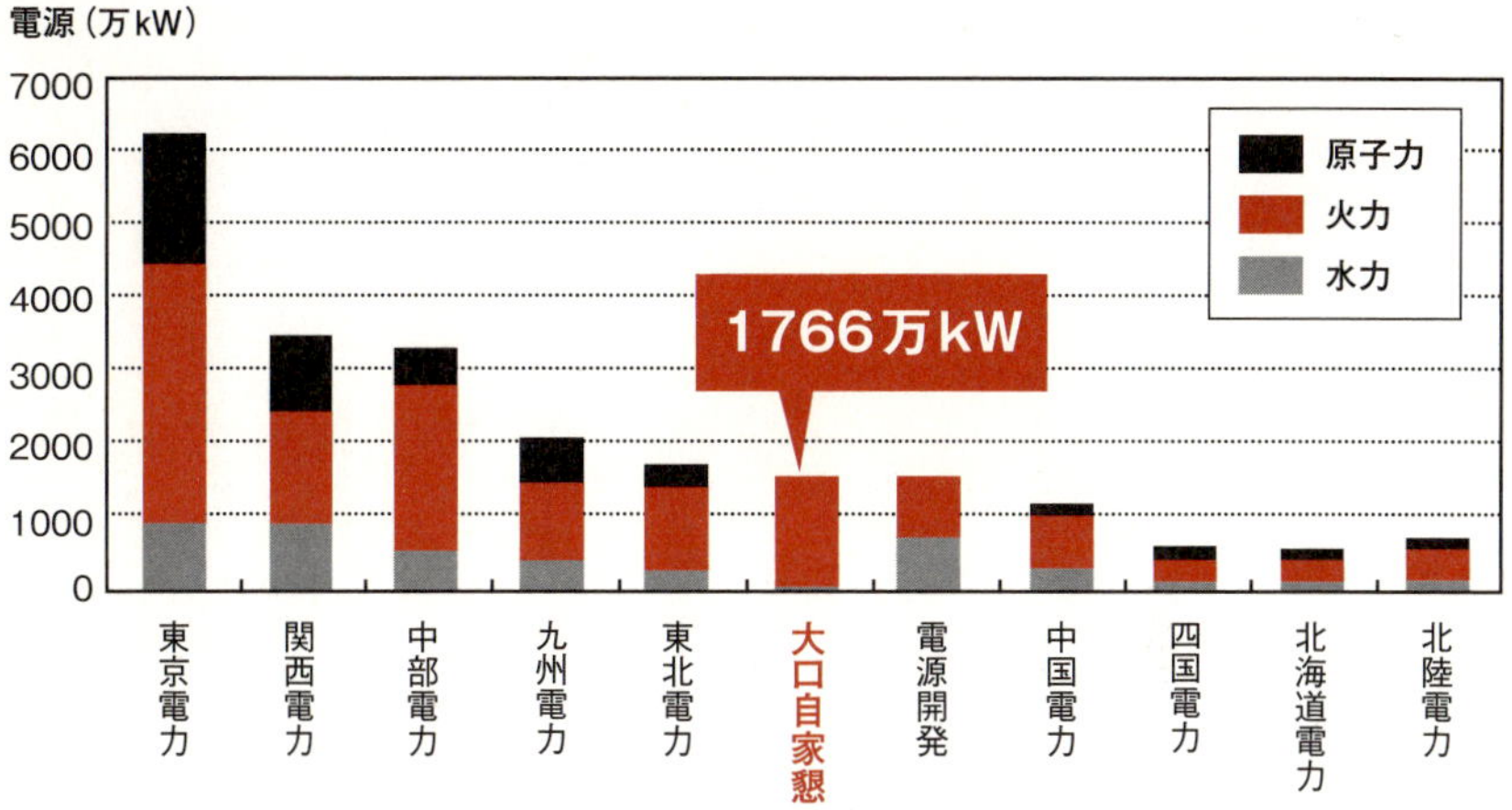

※一般電気事業者はH21年度9月自社電源設備（資源エネルギー庁　発電所認可出力表）。
※大口自家懇は大口自家発電施設者懇話会会員電源総計（IPPは除く）H22年3月。
※大口自家発電施設者懇話会HPを参考に作成

学の場合、電力全量を自家発電でまかなうことも、電力会社への供給も、どちらも初の試みだ。このような大型発電設備を持つ大企業が集まってつくる「大口自家発電施設者懇話会」の会員各社の総出量は１７６６万ｋＷにも達する。そのほとんどは自社で消費する電力としても、いざという時にはかなりのポテンシャルとなる。

どうにか危機を乗り切った電力各社だが、原発再稼働が当面見込めない以上、やがて埋蔵電源の活用を前提とした体制が求められる。いうまでもないが、電力自由化の道を開く発電と送電の分離である。

送電網は総括原価方式を通じて全額需要家の負担で整備されてきた。高速道路と同じ社会的インフラだ。それを開放するかどうかの判断は、本来、需要家の利益を第一に考えて決められるべきである。今回の問題が日本の社会に突きつけた大きな課題だろう。

電力使用制限令で〝強制〟された「輪番休業」は本当に必要だったのか？

7月1日から発令された罰則規定付きの「電力使用制限令」。企業は「輪番休業」という苦肉の策で対応したが、制限令発令の意図は「原発停止でも電力は足りている」という事実の隠蔽だったのではないか。

制限令発令は国や東電の「無策」の現われ

日本ではこの10年間に、今夏を含め計3回、首都圏での「大停電の危機」が心配されたことがある。いずれも原発停止（64ページ参照）を受けてのことで、特に2003年には、国が電気事業法に基づいて行なう「電力使用制限令」の発令が本気で心配されていた。当時、メディアは「制限令が出れば石油危機（オイルショック）当時の1974年以来。石油不足など具体的な理由がない今、出される事態に陥れば、国や東電は無策を問われることになる」と指摘している。

そして今回、ついに制限令が発令された。まさに、国や東電の無策が明らかにされた形だ。

制限令は、契約電力500kW以上の大口需要家の使用最大電力を制限する措置だ。具体的には7月1日から9月9日までの平日昼間に、前年より15％減らした消費電力を各需要家の上限とするもので、故意に違反した場合は100万円以下の罰金が課される。

2003年には、企業の節電努力で発令をどうにか回避した。2007年にも、需給調整契約の活用で乗り切り、制限令の発動には至らなかった。

大口需要家を対象にした需給調整契約は、料金を割り引く代わりに需給逼迫時には電気の使用を控えてもらうもの。制限令と似ているが、大口需要家に契約の義務はない。節電を求められれば生産は減少するものの、普段から安く電気を買っていることを考えれば、緊急時にこれを活用するのは合理的だ。

輪番休業で助かるのは電力会社だけ

ならばなぜ、今回はそうした方法で乗り切れなかったのか？　これにはいくつかの見方がある。

震災からの生産回復に前のめりになる企業の節電努力を国や東電は信用しておらず、制限令の発令で法的に強制した、というのがまずひとつ。そして、なんら制限を加えず、増える需要に対

電力使用制限令の発令でこうなった

電力使用制限令が始まった7月1日の東電管内のピーク時使用電力消費量は、午後1〜2時で4170万kWだったが、去年の同時期より暑かったにもかかわらず、目標の15%削減を達成した。（提供:朝日新聞）

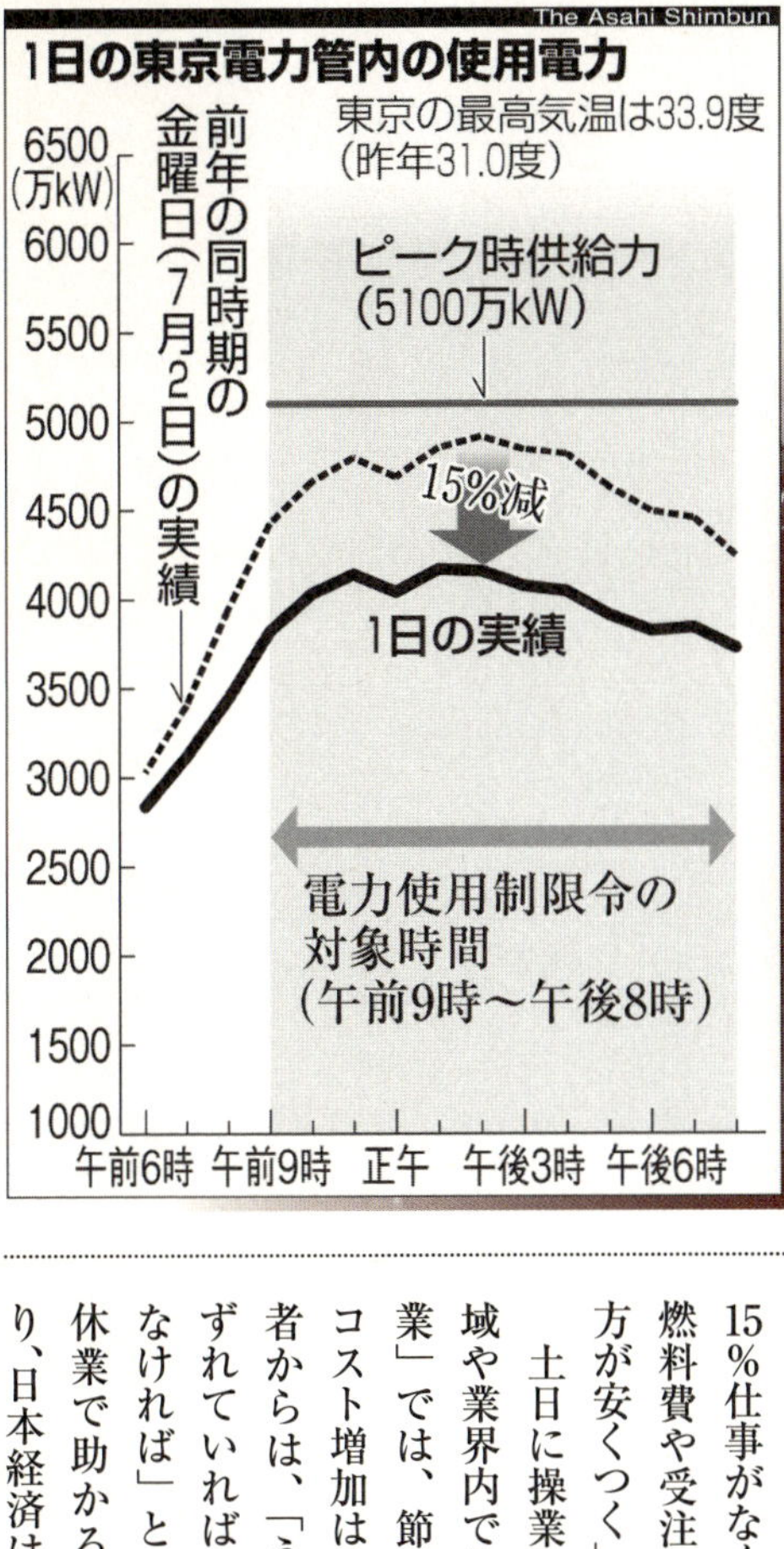

薄暗い社内で仕事をするサラリーマンたち。電力会社の無責任な体制の犠牲者だ（ロイター／アフロ）

応し続ければ、「電力は足りている」という事実が一目瞭然となってしまうから、との説もある。

いずれにせよ、企業には過去にも増して過酷な節電義務が押しつけられ、高額な自家発電機を借りたり受注を減らすなど、経営を圧迫されている。

特に、被災地にも多い中小の部品メーカーのなかには、大量の電力を必要とする「電炉」を使っているところも少なくない。経営者からは「15%節電は15%仕事がなくなること」「自家発電の燃料費や受注の損失を考えると罰金の方が安くつく」との声も上がっている。

土日に操業して平日に休んだり、地域や業界内で休業日をずらす「輪番休業」では、節電はできても、受注減やコスト増加は補えない。また営業担当者からは、「うちと取引先の休業日がずれていれば、休日返上で営業に回らなければ」との悲鳴も聞こえる。輪番休業で助かるのは電力会社だけであり、日本経済は決して救われないのだ。

「電力自由化」はこうして電力会社に潰されてきた

過去４度にわたって実施されてきた電力自由化に向けた改革。しかし、それは都度、電力会社の陰湿な抵抗にあって、骨抜きにされてきた。

改革派官僚vs電力会社 自由化をめぐる攻防

１９９５年12月、電気事業法が改正され、発電事業への新規参入の条件が整備された。電力自由化に向けた第一歩である。２０００年３月の第２次改革では、受電電圧２万Ｖ、契約電力２０００ｋＷ以上の特別高圧需要が自由化の対象となり、ＰＰＳの新規参入が加速した。

このような電力自由化を推進したのが、村田成二を中心とする通商産業省（現・経済産業省）の改革派若手官僚だった。彼らは電力会社の独占体質が日本の産業の足かせになると考え、発送電分離を最終目標に定めた諸改革を推進したのだ。

２００２年に東京電力の原発トラブル隠しが発覚し、南直哉社長ら東電首脳４人が引責辞任すると、自由化は一気に進むかと思われた。しかし電力会社側は猛然と反撃に出る。自民党電力族を総動員し、２００３年６月の第３次改革では、温室効果ガス削減努力としての石炭課税を〝人質〟にして、発送電分離の議論を封じてしまったのである。

事務次官を務めた村田が２００４年に退官すると、改革派官僚は失速した。２００８年の第４次改革が迫力を欠いたのも当然だった。

福島原発の事故で再燃した発送電分離論議の行方

福島第一原発のメルトダウン事故を受けて、政府内では東電への公的支援と引き換えに、同社の発送電部門を分離し、送電専門の会社をつくる案が浮上した。これは東電だけの問題にとどまらなかった。議論には、これを機に東西の電力周波数を統一する送電網の大改革も含まれていたからだ。

５月16日の枝野幸男官房長官の「（東電の発送電分離は）選択肢として十分あり得る」との発言はこれを裏付けるものであり、２日後には菅直人首相がこれを追認する発言をしている。

日本の電力自由化の歴史

第1次改革（1995年12月　電気事業法改正）

1. 電力会社の発電部門への新規参入の拡大
2. 小売り事業への参入条件の整備
3. 料金規制の緩和

発送電の分離に挑んだ経産省の元事務次官・村田成二。だが、電力会社のカベは厚かった（時事）

第2次改革（2000年3月　電気事業法改正）

1. 小売供給の部分的な自由化（対象は特別高圧需要）
2. 配送電網の利用拡大
3. 料金規制の緩和
4. 電力会社の経営自主性の尊重

第3次改革（2003年6月　電気事業法改正）

1. 小売自由化範囲の拡大（対象は高圧電力需要）
2. 配送電網の利用拡大
3. 配送電部門に関するルールを策定する中立機関の創設
4. 電力会社への行為規制の導入
5. 日本卸電力取引所（JEPX）の創設

東京都港区にある日本卸電力取引所＝JEPX（共同）

第4次改革（2008年7月から09年2月　経産省令改正）

1. 全面自由化の見送り
2. インバランス生産の改定
3. 日本卸電力取引所の活性化
4. 電力取引の環境適合（CO_2フリー電気取引の推進）

東電の発送電分離議論が全体に波及するのを恐れた電力会社側は必死の巻き返しに出た。

電気事業連合会会長をつとめる八木誠関西電力社長は、5月20日の記者会見で出た発送電分離の質問に対し「安定供給の責任という観点から（電力会社が）一体で行なうことが重要」と、従来の見解を強調。経団連の米倉弘昌会長も、発送電分離論議を「東電の賠償問題に絡むもので、動機が不純だ」と援護射撃。米倉会長は原発再稼働問題に対しても「（電力不足で）国内産業がどんどん海外に逃げ、雇用が守られず、経済成長が落ちる」から、原発は新設も視野に入れた再稼働が必要と発言している。

電力会社は経団連の「得意先」として絶大な影響力を持っている。自由化による電力調達の合理化を阻害し続け、結果として今回の電力不足を招いた電力会社に対する批判が、大手企業を中心とする産業界から聞こえてこない構図の正体はここにある。

ウランでさえ限りある「資源」原発依存の産業に未来はない！

１００年以上は採掘が可能だと言われる「ウラン資源」だが、今後、新興国を中心に世界的な原発の増設ラッシュが予定通り続けば、数十年で尽きてしまう。

情報操作された ウラン可採年数

まずは73ページの円グラフを見て欲しい。これは電事連のホームページに掲載されているもので、「石油、石炭、天然ガス、ウランの確認可採埋蔵量」とのタイトルがつけられている。だが、それぞれの使われ方が異なる以上、埋蔵量自体を比較することに意味はない。より重要なのは可採年数だ。

これを見ると、ウランの可採年数は石炭に次いで長い。有限であることに変わりはないとしても、「これだけ時間がかせげれば、技術革新をもって核燃料サイクルを完成させられる。そうすれば夢の国産エネルギーが手に入る」との説明には使えそうだ。

しかし実のところ、こうしてグラフ上で可採年数を比較することにもあまり意味はない。なぜならエネルギー資源の需給は、日々変動するものだからだ。

次に、円グラフの下の表について説明しよう。ウランの可採年数が電事連のものと異なるのはデータの年度や算出方法が違うからだが、石炭に次ぐ長さであることは変わらない。

注目して欲しいのは下段の数値だ。これは、世界全体の一時エネルギー供給に占める割合を示したもので、見てのとおり、原子力（ウラン）は６・２％にすぎない。仮に今後、世界の原発の基数が増えていけば、ウランに対する需要も高まる。原子力が世界のエネルギー供給に石油と同等の貢献をするようになると、資源の消費ペースは4倍に速まるわけで、単純計算するならば可採年数は30年前後にまで縮んでしまうのだ。

原発導入に対する 新興国のすさまじい需要

ならば今後、ウランに対する需要は増えるのだろうか。２００９年1月、国際エネルギー機関（ＩＥＡ）は「世界31カ国に計４３８基ある原子炉は、２０３０年には８１５基まで増える」との推計を発表した。原発の寿命がおおよそ30～40年で、既存の原発の廃炉

石油・石炭・天然ガス・ウランの可採埋蔵量と可採年数

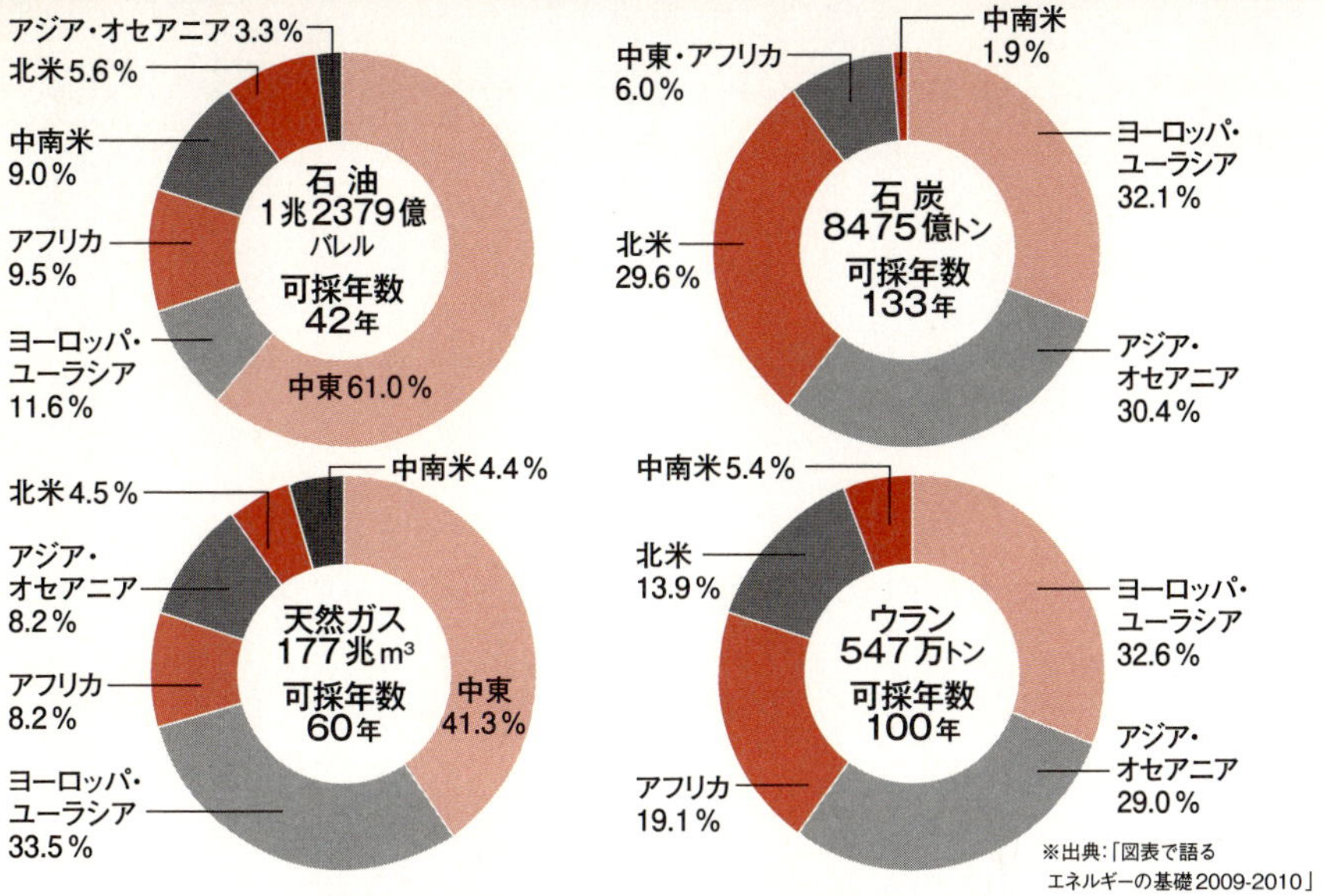

※出典：「図表で語る
エネルギーの基礎2009-2010」

埋蔵量、可採年数、世界エネルギー貢献率の関係

	石油	天然ガス	石炭	ウラン
確認可採埋蔵量	1兆379億バーレル	177兆㎥	8475億トン	881万トン
可採年数	41.6年	60.3年	132.5年	132.4年
世界エネルギー貢献比率	26%	20.5%	35.0%	6.2%

※2006〜07年のデータ
※大島堅一著『再生可能エネルギーの政治経済学』を参考に作成

が進むことを考慮すると、20年余りの間に600基以上の原子炉が建設されるとの予測だ。すさまじい需要である。

さすがにIEAも、福島第一原発の事故を受けて見通しの下方修正を示唆している。しかし、中国やインドなどエネルギー需給の逼迫している新興国が、原発導入の方針を白紙化したわけでもない。新規原発の初装荷燃料は通常よりも大量にウランを使うため、短期的にウラン価格が高騰することも考えられる。実際、現在11基が稼働中で、新たに26基を建設している中国の場合、2010〜15年の間にウラン需要は3倍以上に増えるとの予測もあるほどだ。

こうした状況が予測されるからこそ、日本の原子力政策は核燃料サイクルを「出口」として想定してきたのかもしれない。しかし本書でも指摘してきたように、核燃料サイクルはとうに破たんしており、原発（ウラン）から「国産エネルギー」を得られる可能性は夢と消えているのである。

COLUMN 4

斜陽企業を延命させる原発マネー&立地対策費

財界ピラミッドが依存する電力マネーという「公金」

1基新設すれば4000億円とも言われる莫大な建設費が動く原発には、炉心メーカーの東芝、三菱重工、日立を筆頭に、プラント設備には鹿島、大成、清水を筆頭としたスーパーゼネコンがそろって食い込み、立地対策費などを原資とするインフラ整備では地方ゼネコンが潤ってきた。

現在、国内では2020年までに9基が、30年までにプラス5基の合計14基の増設が計画されているが、それを受注するのは、こうした日本の高度経済成長を支えた重厚長大型大企業、公共事業で肥大化してきたゼネコンを頂点とする財界ピラミッドだ。

しかし、国内における財界ピラミッドの足場は、日本が抱えた構造的な不況と低成長の時代を迎えてやせ細る一方である。清水建設のように新興国に現地法人を設立する動きはあるが、大手であっても淘汰を免れない時代に置かれている。

また、炉心メーカーの東芝は、世界の半導体シェアを台湾、韓国などのメーカーに奪われて久しい。リーマンショック後、巨額の赤字を計上した日立、設備の不振に喘ぐ三菱重工……こうしたなか、未曾有の福島第一原発の事故は起こった。

原発推進は古いビジネスモデルを延命させるだけ

現在、財界は経団連を筆頭に原発の再稼動、さらに推進を声高に叫んでいる。それに異論を唱えているのは、ソフトバンク・孫正義社長や楽天の三木谷浩史会長を中心とする新興の経営者たちである。

総括原価方式で徴収される電気料金収入を約束された電力会社の原発事業は、公共事業と同様の取りっぱぐれがないビジネスだ。ゆえに、そうした高度経済成長期にありがちだったビジネスの旨みが忘れられない財界は、原発推進を叫んでいる。福島原発の事故で降ってわいた数兆円とも言われる廃炉ビジネスに名乗りを上げているのも、東芝や日立を筆頭とした、同じ顔ぶれの企業だ。

経団連の米倉会長は、「原発に一定程度依存しないと（電力不足で）国内産業がどんどん海外に逃げ、雇用が守られず、経済成長が落ちる」と公言したが、電力不足を本心から危惧しているのかどうか。原発事業を核とした電力のカネは、高度経済成長を忘れられない斜陽企業の延命に注入されるだけではないか。

この後ろ向きのカネの動きを止め、もっと将来性のある新たなビジネスへ投資し、雇用の不振を回復させることが、実は今、最も求められている経営ビジョンではないだろうか。

第5章

自然エネルギーは高コストのウソ

ANP／PANA

技術はあるのに定着しないのはなぜ？

電力会社＆経産省が仕掛ける風力・太陽光発電潰しのワナ

今や世界的には4分の1のシェアを占める自然エネルギー。日本では技術はあっても一向に普及しないのはなぜか？　太陽光も風力も、電力会社と経産省が「取り組んだフリ」をし、結局は潰しにかかっているという現実がある。

談＝飯田哲也（環境エネルギー政策研究所所長）

ポテンシャルがあるのに普及しない

原発の安全神話が崩壊した今でさえ、なぜ「それでも原発に頼らざるを得ない」と思っている人が、かくも多いのでしょうか。

理由はいろいろ考えられますが、原子力に替わるエネルギーは何か、ということが実感を持って想像できないという問題が大きいと言えるでしょう。

その引き受け手は、地球温暖化や持続可能性を考えると、もはや自然エネルギー（再生可能エネルギー）のほかにありません【図1】。

あらゆる電源による世界の容量のうち、自然エネルギー由来の電力容量は4分の1を占め、2009年には世界の電気の18％を供給しました（水力含む）。これは、原子力を上回る数字です。

特にドイツや北欧では「第4の革命」と言われるほど自然エネルギーが普及しており、そのため皆が「これで供給は満たせる」ということを実感しているからです。

しかし日本では、自然エネルギーによる電力供給は水力が8％、そのほかは1％しかありません。電力会社と国が自然エネルギーを普及させまいとあらゆる手を尽くし、こうした無残な状態へと追い込んできたために、「普及している未来」が想像できないのです。

実際には、日本には太陽光発電、風力発電を導入できる余地が十分にあります。

2011年春に発表された環境省の「再生可能エネルギー導入ポテンシャル調査」によると、住宅の屋根を除いた太陽光発電のポテンシャルは約1億5000万kWとされています。住宅の屋根を加えた試算では、およそ2億kWの潜在量が見込まれています。風力発電に至っては、陸上で2億8000万kW、洋上で16億kWという途轍もなく大きな導入可能性があることがわかっています。

つまり、あとはそれをいかに実現するかが問題なわけですが、そのために乗り越えなければならない壁はひとつやふたつではありません。

図1　自然エネルギーのポテンシャル

出典：Greenpeace “energy [r]evolution”、データはWGBUによる

全量買取制度を徹底すれば自然エネルギーは定着する

まず必要なのは、自然エネルギーを原発に代わるベース電力として育てるために、普及を促すことです。そこで大前提となるのが、「全量買取制度（フィード・イン・タリフ）」です。

全量買取制度とは、風力や太陽光などの発電事業者から電気を決まった価格で一定期間、すべて買い取ることを電力会社に義務づけ、自然エネルギーが産業としてテイクオフするのを助ける仕組みです。

日本では奇しくも、東日本大震災の当日に当たる3月11日の午前、全量買取法案（電気事業者による再生可能エネルギー電気の調達に関する特別措置法案）が閣議決定され、国会に上程されました。これが与野党合意の下で成立するのは、エネルギー政策の抜本的な転換のためにきわめて重要なことです。

ただし、自然エネルギーの本格的な普及のためには、この法案の微修正と政省令レベルでの制度の抜本的な改善が不可欠です。

政府案では、制度のスタートを目指す来年度の買い取り価格について、住宅用の太陽光発電の場合は1kWh当たり30円台後半、太陽光発電以外の自然エネルギーの場合、一律20円近くの水準とする方針です。

しかし、ひとくくりに自然エネルギーと言っても、それぞれの特徴は大きく異なります。太陽光や風力発電は初期投資が大きく、ランニングコストが小さくなりますが、バイオマスはまったく逆です。開発期間にしても同様で、太陽光や風力、バイオマスは比較的短くてすむのに対し、地熱発電は長い時間を要します。そのうえ、地域・自然の条件によっても発電量がだいぶ違ってきます。

そうした特徴の大きく異なるものを、同じ価格で競わせるのはまったくナンセンスです。普及を目的とするならば、自然エネルギーの種類・規模・地域の実情を踏まえたうえで、それぞれ一定の利回り（15～20年で6～8%程度）を見込めるよう、コストに基づいた価格を設定すべきなのです。われわれISEPでは、自然エネルギーの

表1　買取価格と買取期間

自然エネルギー普及を最低限進めるための買取価格および買取期間の考え方は、表のとおり。本格的な普及に必要な事業成立性を確保するために、買取価格はこれらの価格以上が望ましいが、普及するにつれて導入コストが低減するから、年ごとに設定される買取価格（買取期間中は固定）も低減していく。PIRRは事業全体での利回り。

（価格／1kW当たり）

種別	初年度の買取価格（目安）	買取期間	備考
太陽光発電	35～40円（家庭用、事業所）	20年間	家庭用や事業所用ともに全量買取。平均日照を考慮
	35～40円（未利用地など）		
風力発電	20～25円（陸上風力）	20年間	規模（3MW）、平均風速、陸上・洋上で設定する
	20～25円（洋上風力）		
地熱発電	20～25円	20年間	PIRR6％想定
	40円（50kW以上の温泉熱）		小型温泉熱も全量買取
小水力発電	30～35円（200kW以上）	20年間	PIRR6％想定
	25～30円（1MW未満）		ダム式は10MW以下、かつ持続可能性基準を満たす
	20～25円（1MW～10MW未満）		
バイオマス発電	規模や燃料・燃料方式ごとにきめ細かく設定する。特に、コジュネを優遇し、石炭混燃は低めの設定が必要		原則、林地残材などが対象。廃棄物については別設定

※出典：環境エネルギー政策研究所の資料

普及を進めるため最低限の買取価格および買取期間について、【表1】のように提言しています。

これは何も、自然エネルギーを〝特別扱い〟しろと言っているのではありません。全量買取制度で普及を促す目的は、「技術学習効果」にあります。携帯電話、パソコン、液晶テレビなどと同じように、普及に従って性能が上がり、コストが下がる効果が生まれれば、自然エネルギーは経済性においても、既存の電源と互角以上の競争力を持つことになるのです。

日本版スマートグリッドが風力、太陽光発電を潰す！

一律価格での買い取りには、すでに失敗例があります。今や自然エネルギー導入のフロントランナーとなったドイツですが、１９９０年代には一律電気料金の90%の値段で買った結果、風力の導入が伸びた一方で、太陽光その他の自然エネルギーは普及せず、産業が立ち上がりませんでした。同じく90年代のイギリスでも、一律価格で大失敗しています。

従って、一律価格で買う選択肢が設けられること自体、過去の経験にあまり学んでいないと言えるのです。

あるいはこれも、法案を所管する経産省が、電力会社の既得権益に配慮したものであると見ることもできます。自民党の安倍政権時代、「自然エネルギーはいらない」と公言してはばからなかった官僚が、1年後に「太陽光はＯＫ。しかし全量買取はいらない」と言ったかと思うと、麻生政権の末期に政権交代の機運が高まると、駆け込みで「全量買取をやるんだ」と言い出しました。その同じ官僚が、目下の事態を動かしているのです。

そんな現状の下、自然エネルギーをめぐっては英語でいう「ムーンウォーカー現象」が起きているのです。これは前に歩くように見えて実は進んでいない、あるいは後退している現象を、マイケル・ジャクソンのパフォーマンスにたとえた言葉です。

このやり方は、電力会社や経産省の〝お家芸〟とも言えるものです。

電力会社はこの方法で、まず風力発電を潰しました。東電は１９８０年代、三宅島に１００ｋＷ級の風力発電プラント2基を試験的に設けましたが、「採算性がない」としてわずか6年余で撤去しました。全量買取など政策的な展望もないまま、島嶼にぽつんとプラントを設けたところで、採算が取れるはずはありません。こうして東電は、風力を懐に取り込んで潰し、「失格」のレッテルを貼ったわけです。

そして今、このやり方に利用されているのが〝日本型スマートグリッド〟です。

スマートグリッドは、ＩＴを駆使し、電力の需給調整を飛躍的に進歩させる技術ですが、これが「自然エネルギー普及のカギ」と言われているのは問題です。

その理屈は、「太陽光や風力は電力の供給が不安定だから、スマートグリッドが実用化してこそ使い物になる」というものです。これは言い換えると、「スマートグリッドが実用化しなければ自然エネルギーは活用できない」と言っているのと同じです。すでにドイツにおいて、全発電量の17％が自然エネルギーで賄われているのを見ればわかるように、「供給が不安定だからダメ」などという説明はまったく無意味なのです。

しかも現在、国内で研究されているスマートグリッドの案件はどれも貧弱で、実用化などおぼつかないのが実情です。その完成を待っていては、自然エネルギーの普及など100年経ってもできないでしょう。

こうした案件は、技術そのものが「ニセモノ」と断じるべきレベルのものであり、行政が天下り先に補助金を垂れ流す口実に成り下がっているのです。それというのも、「電力供給の不安定な自然エネルギーに関しては、ほんの少ししか系統に入れられない」という、電力会社の理不尽な要求を前提にしているからにほかなりません。

20世紀のアタマで21世紀を想像してしまう

また、政府案の全量買取価格において、太陽光がほかの自然エネルギーに比べて優遇されている点にも注意が必要です。もちろん、太陽光も有力なエネルギー源ですが、わが国における導入ポテンシャルは太陽光より風力が大きく、ヨーロッパでも風力が自然エネルギー導入の柱になっています。

それなのに、この両者の扱いにあえて差がつけられているのは、電力会社にとって太陽光の方が御しやすいからだと見ることができるのです。

日本の風力発電には、北海道や東北に大きなポテンシャルがある反面、首都圏で大きな電力をつくるのは難しいという課題があります。その課題を乗り越えるためには、最新技術を使った送電線である「スーパーグリッド（高圧直流送電線）」で列島を貫き、電気のスーパーハイウェイをつくることが必要です。これをつくれば、東西で周波数が50Ｈｚと60Ｈｚにわかれている問題も、送電線の出口にコンバーターを置くことで解決できるのです。

しかしこれが実現すると、電力会社には痛手です。送電インフラが全国規模で一体的に活用されることになるので、発送電分離が前提となるためです。

これに比べ、建物の屋上や屋根を活用する太陽光は比較的場所を問わないため、電力会社は既存の独占地域内で囲い込むことができるのです【図2】。

つまり、「風力＋スーパーグリッド」は許せないが、「太陽光＋スマートグリッド」なら付き合うフリぐらいはしてやってもいい――これが、自然エネルギー導入論議に「ムーンウォーカー現象」をもたらしている、電力会社と経産省のホンネなのでしょう。

図2

アメリカ型スマートグリッド

全土を網羅して超効率的な市場形成を目指す欧米型のスマートグリッドのイメージ。

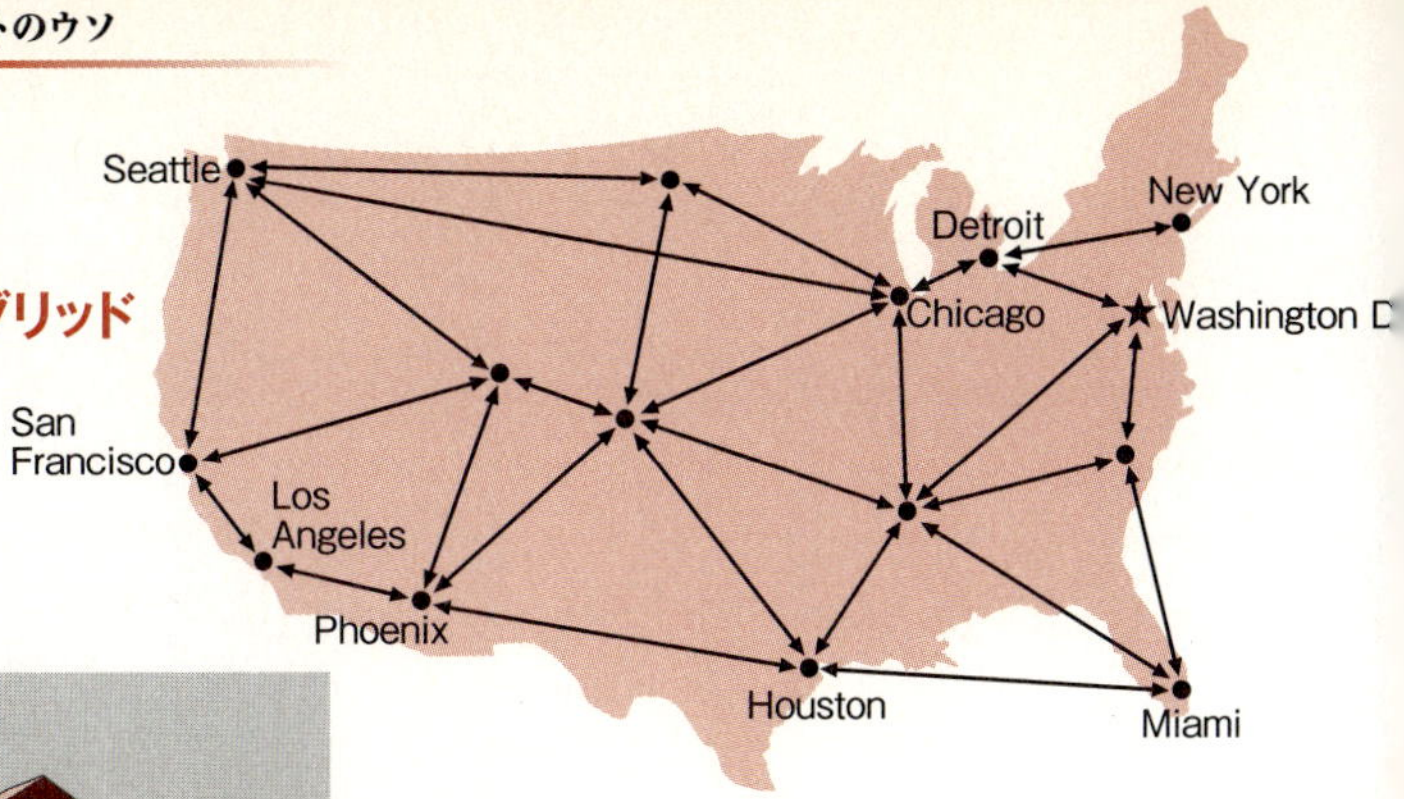

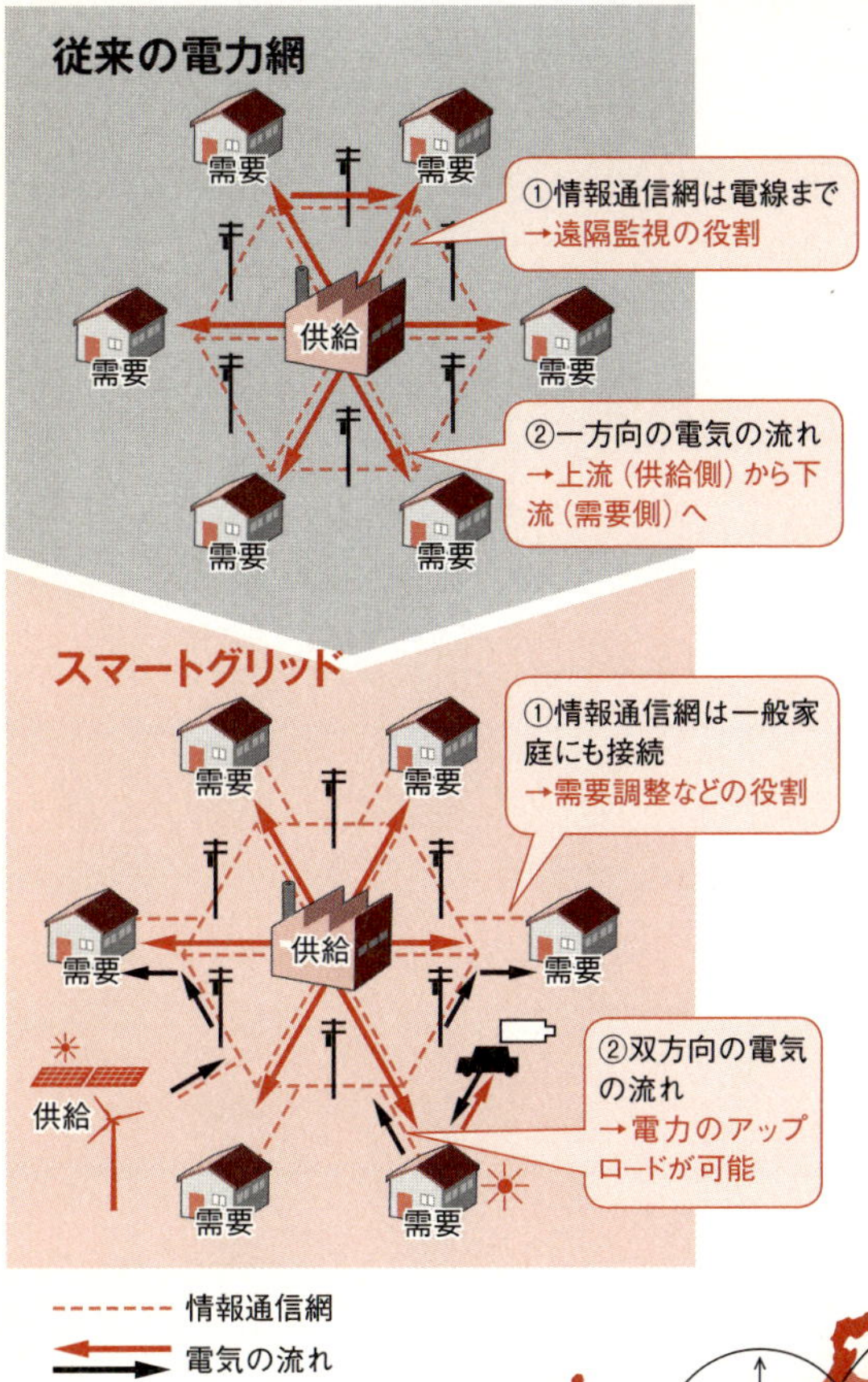

日本型スマートグリッド

電力会社の独占を前提とし、地域ごとに寸断された日本型スマートグリッドのイメージ。地域間での融通はきかない。

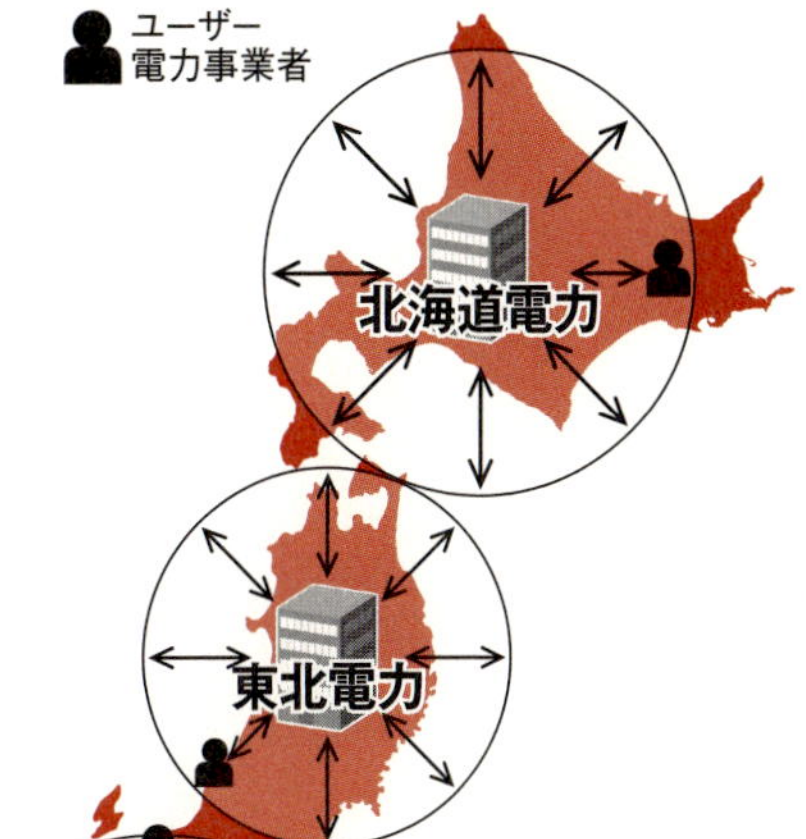
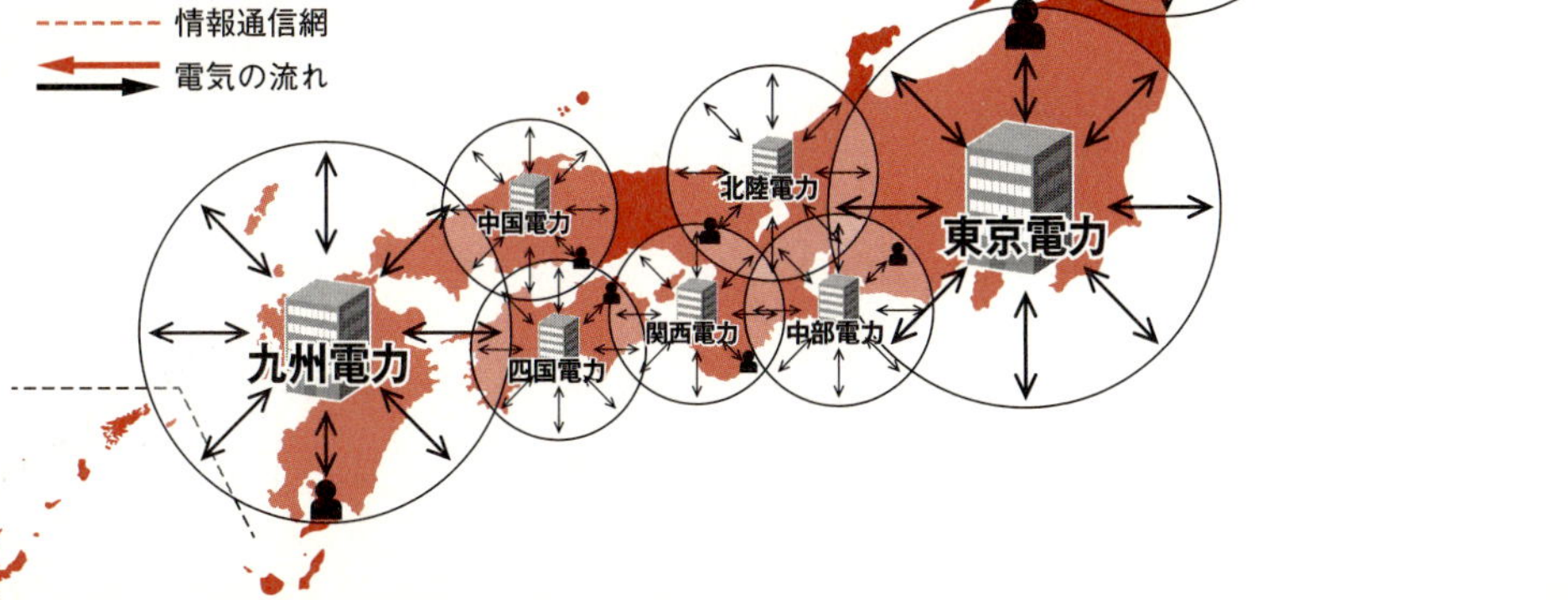

ただ、誤解のないように言っておくと、わたしが懸念しているのは「日本型」という形容詞のついたスマートグリッドであり、技術そのものに期待することは否定していません。

たとえばグーグルなどは、インターネットを介してソフトを利用しあう「クラウド・コンピューティング」のようなイメージで、エネルギーの需要側に供給もあり、バッテリーもあり、需給調整もあるという非常に面白い構想を持っています。

一方、ヨーロッパ型のスマートグリッドは、最初はオーソドックスな道を歩んできました。すでに1990年代から電力市場の自由化が始まっていたために、電力会社はひとつの地域だけで売るのではなくて、いろいろな地域に電気を送り込むようになっていました。ユーザー側にとっては、自分のところで色々な電力会社の電気が買えるようになったわけで、それを選別できるスマートメーターがとても普及したのです。

それをベースに、次の段階では電気料金と需要と供給の関係がひと目でわかるリアルタイム料金対応型に発展しました。そして現在は第3段階として、グーグル的なスマートグリッドを射程におさめています。

これらと比べると、日本の未来予測は往々にして、技術イメージが肥大してしまいがちです。「有識者」が夢のようなことを唐突に語り始め、ほとんど絵に描いた餅の議論がずっと続くためで、たとえれば〝鉄腕アトム〟のような「20世紀のアタマで21世紀を想像した姿」しか出てこないのです。それが、10年前の燃料電池であり、現在の日本型スマートグリッドというわけです。

その一方で、社会システム像は貧困なまま据え置かれ、目の前にある基本

現状の「余剰買取制度」では格差拡大

太陽光や風力、地熱など再生可能エネルギーで発電された電気全量を、決まった価格で買い取ることを電力会社に義務づける全量買取制度。ただし、2011年の延長国会で審議されている全量買取法案（本文参照）では、全量買取の対象となるのは事業者だけ。家庭の太陽光発電については2009年11月から実施されている、自宅使用分を除いた余剰分だけを買い取る現行制度が続く。

この余剰買取には、「社会的な格差を助長する」との批判がある。経産省は「平均の余剰電力比率は60％弱」と説明しているが、その数字にたいした意味はない。平均化前のデータでは、余剰比率は90％から10％までバラけている。余剰電力が90％も出るのは、典型的な例をあげると、日中ほとんど在宅していない共稼ぎ夫婦の家庭などだ。不在中に太陽光で稼げるのだから、ほとんど「トリプルインカム」となる。

一方、子供がたくさんいたり要介護のお年寄りがいたりして、働きたくても働けない人も大勢いる。その場合、家を空けられないため余剰電力はほとんど出ないことになる。家庭でつくられた電力もいったん全量買い取り、それより安く電力を売る仕組みにした方が公平となり、太陽光発電の普及も進む。

的な課題はすべて見逃されてしまいます。今ならばたとえば、風力発電のゾーニングの遅れを挙げることができるでしょう。

原発を捨てて自然エネルギーにシフトするドイツ

日本の自然エネルギー政策は、基本的に「補助金」と「研究開発」に極端に偏りながら、失敗を繰り返してきました。研究開発では、日本型風車の規格「Jクラス」を生み出して高コストにしたうえに、主流の海外メーカーからそっぽを向かれています。

補助金政策では、国が2008年度までの6年間に行なった214のバイオマス事業について、「地球温暖化防止など期待される効果が出ている事業は〝ゼロ〟である」と総務省行政評価局が判定し、物議をかもしました。これを実施した農林水産省など関係6省が投じた予算は、なんと計約6兆5500億円。そのうえ、所管する省でも事業の決算額を把握できないケースが43%の92事業に上り、とんでもない〝お手盛り予算〟の実態が明らかになりました。

これら失敗例の多くは、国や自治体の予算で新しいエネルギー供給システム・設備を開発して市場に押し込む「供給プッシュ」型の取り組みです。

自然エネルギー発電の現場を視察するドイツのメルケル首相（ロイター／アフロ）

今、自然エネルギー普及のために求められているのはこうしたやり方ではなく、市場の需要を掘り起こして産業を育てる「需要プル」型の戦略なのです。

その好例といえるドイツの成果について、ここで改めて見てみましょう。

先に述べたように1990年代の失敗もあり、2000年の時点で、ドイツの自然エネルギーによる発電量は全体の6%にすぎませんでした。当時はEUで決められたドイツの目標値――2012年までに12%――を達成できるのか危ぶむ声すらあったほどです。

しかしフタを開けてみれば、ドイツの政策は大きく成功しました。2010年の段階で、目標を上回る17%を実現したのです。

この過程で、ドイツは「6重の配当」を手にしています。

第1に、新たな電力供給の主役です。福島での原発事故の直後、ドイツ政府は古い原子炉7基（その後にもう1基）を一時停止。6月6日には、原子力法改正案など10法案を閣議決定し、一時停止中の8基はそのまま閉鎖、また残り9基を2020年から2022年までの間に閉鎖する（1基のみ非常用に温存する）ことを決定しました。

こうした素早い決断ができるのも、自然エネルギーという次の主役があるからです。

ドイツはさらに、2020年までに電力消費量を現在より10％低減させ、自然エネルギーは少なくとも全体の40％にする、という目標を掲げています。実現すれば、現時点で10％の原子力エネルギーが2020年にゼロになっても、十分におつりがくるのです。

第2は、温暖化防止です。ドイツは温室効果ガスを1990年比で2007年までに約22・4％減らしており、2012年までに京都議定書の目標（21％減）を達成するのは確実です。この成果の過半は、約1億トン以上の削減効果をもたらした自然エネルギーによるものです。

第3は、4兆円にも上る産業経済効果です。ドイツは1997年以降、世界最大の風力大国の座を維持し、エネルコン社を筆頭にドイツの風力発電産業は世界最大のシェアを誇っています。

そして、第4は36万人にも及ぶ雇用効果【グラフ1】であり、第5は地域活性化効果、そして第6は環境投資により資金の循環が促進される「マネーのグリーン化」効果です。

ちなみに、【グラフ2】に見るように、自然エネルギーへの投資額は世界的にも急増を続けています。

政府には期待できない以上自治体が取り組むしかない

驚くべきことに、この「6重の配当」に税金は投入されていません。代わりに、全国民が1世帯あたり月額約270円を電気料金で負担するだけなのです。

こうしたドイツの「自然エネルギーの奇跡」は、2000年に導入した自然エネルギー促進法による恩恵と言えます。これはドイツ版の全量買取制度で、負担はすべての需要家が平等に分担する仕組みになっています。スペインなどほかの欧州各国や中国も、ドイツの政策に学んでおり、オランダやイタリアでも自然エネルギーが急成長しています。

もちろん、全量買取の価格を高く設定すれば、すべてうまくいくというわけではありません。

全量買取制度の制度設計や運用は、価格を決める経済的要素だけでなく、それ以外のさまざまな部分に左右されます。

特に重要なのが、送電線との系統連系のルールづくり。系統連系とは、発電設備を送配電網に接続して運用することです。そのルールづくりでは、物理的な電力のやりとりの調整のほか、電力会社が電力を買い取るか否かの規制や制約を取り決める必要があります。つまり電力会社が嫌だといったら、そこで交渉は終わってしまうのです。

日本では、今は電力会社側のパワーが強すぎるため、たとえば「自然エネルギーは5万kWしか買わない」と彼らが決めたら、応募者のなかからくじびきで決める、などといった愚行がまかり通っています。

そうした目の前の問題を、ひとつひとつ丁寧に解決していくのは実に骨の折れる作業です。政治に革命的な動きが期待できない以上、わたしたちは地域から積み上げる方法などで、少しずつ現実を変えていく必要があります。

実際、秋田県や東京都など一部の自治体でそうした取り組みが始まっており、これから復興を目指す震災被災地にもなんらかの動きが出てくるでしょう。

こうして課題が明らかになった以上、あとは粘り強い取り組みだけが、日本の将来を明るくすることができるのです。

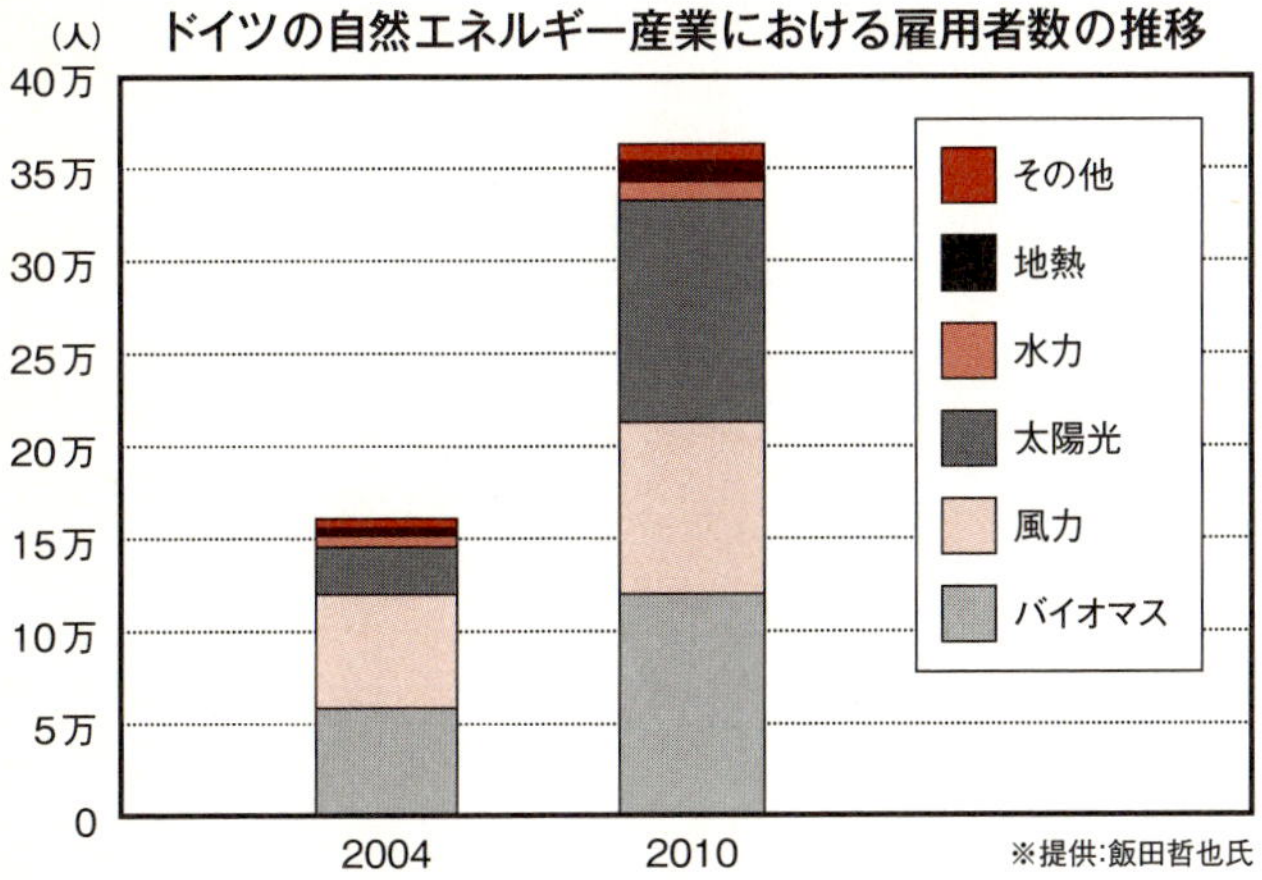

グラフ1
自然エネルギーの経済効果

2004年には15万人ほどだった自然エネルギー産業の雇用者数も、自然エネルギー政策が拡充した影響で、毎年3万人以上もの雇用が増え続け、2010年には36万人になった。雇用の場として相当な効果が期待できる。

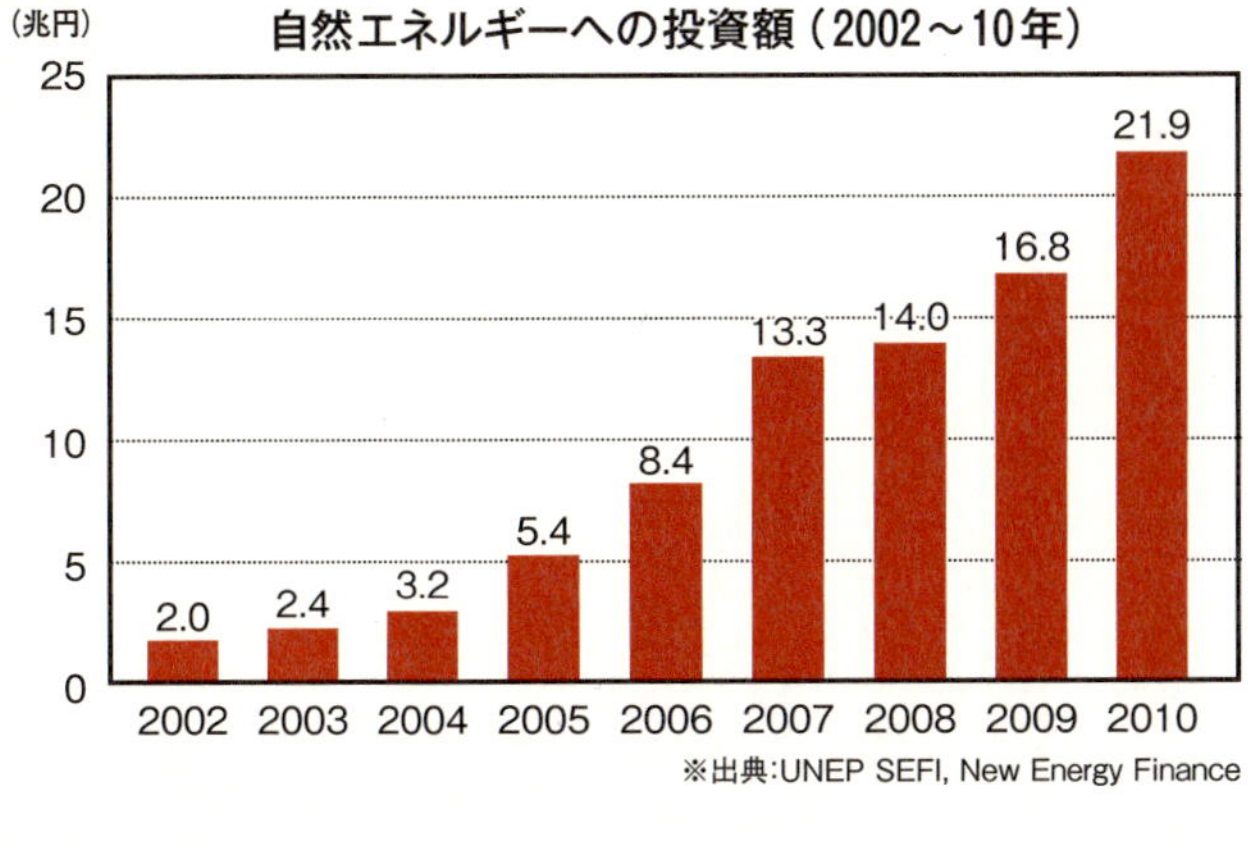

グラフ2
自然エネルギーへの大きなお金

世界的な自然エネルギーへの取り組みが本格化するにしたがって、投資額も年々かなりのスピードで増加している。2002年と2010年では10倍以上の増加となっている。

スペインが自然エネルギーのシェアを40％に拡大できた理由

自然エネルギーの課題は天候に左右されること。しかし風力発電のシェアを拡大させたスペインでは、科学技術によって変動幅を補い、電力が供給過剰になれば隣国に輸出までしている。

風力発電の不足分がわかれば火力発電で〝増産〟

スペインの送電企業であるREEは2011年3月31日、国内の電力供給に占める風力発電のシェアが、前年同月比5％増の21％に達し、月別統計では初めて最大の電力源になったと発表した。この時期は、春季休暇のため電力需要が落ち込み、火力発電所の稼働率が低下する。それに加え、1年を通して最も強風が吹く季節でもある。

そうした〝最大瞬間風速〟に乗った記録ではあるが、太陽光などをあわせた自然エネルギー全体のシェアは40・2％以上に達しており、同国の導入政策の力強さを感じさせる。何より、自然エネルギーに〝追い風〟の吹く季節にあえて「風力の活躍」を伝えるREEの発表に、前向きな姿勢が見て取れる。

第1章でも図（12ページ）で示したように、スペインはベース電力に自然エネルギーを据えている。同国の年間発電量（2010年）は約2881億kWhで、東京電力と同規模。水力を含む自然エネルギーは年平均でも発電量の35％を占め、火力の32％、原子力の22％を上回る。

自然エネルギー導入の課題は天候に左右され、電力供給に波がある点だったが、それは科学技術で解決した。その心臓部となるのは、首都マドリード郊外にある、「再生可能エネルギー中央制御センター」だ。24時間後の発電量を予測するため、天気予報などの情報を集計して逐次更新。自然エネルギーだけでどれだけ足りないかがわかると、1時間の余裕をもって、火力発電所などに「増産」の指示を出している。

日本は南北に長く広がる国土の特徴を生かせばいい

ヨーロッパで自然エネルギーの導入が先行している理由のひとつに、国境を越えた「相互融通」がある。よく風が吹き、太陽光の強い南欧と、水力の豊富な北欧の送電インフラがつながることで、それぞれの短所や天候変化の

スペインにおける各エネルギー源の発電量割合

2011年3月

風力が21%で最大。そこに水力と太陽光を
加えた自然エネルギーの合計は40%以上に及ぶ。

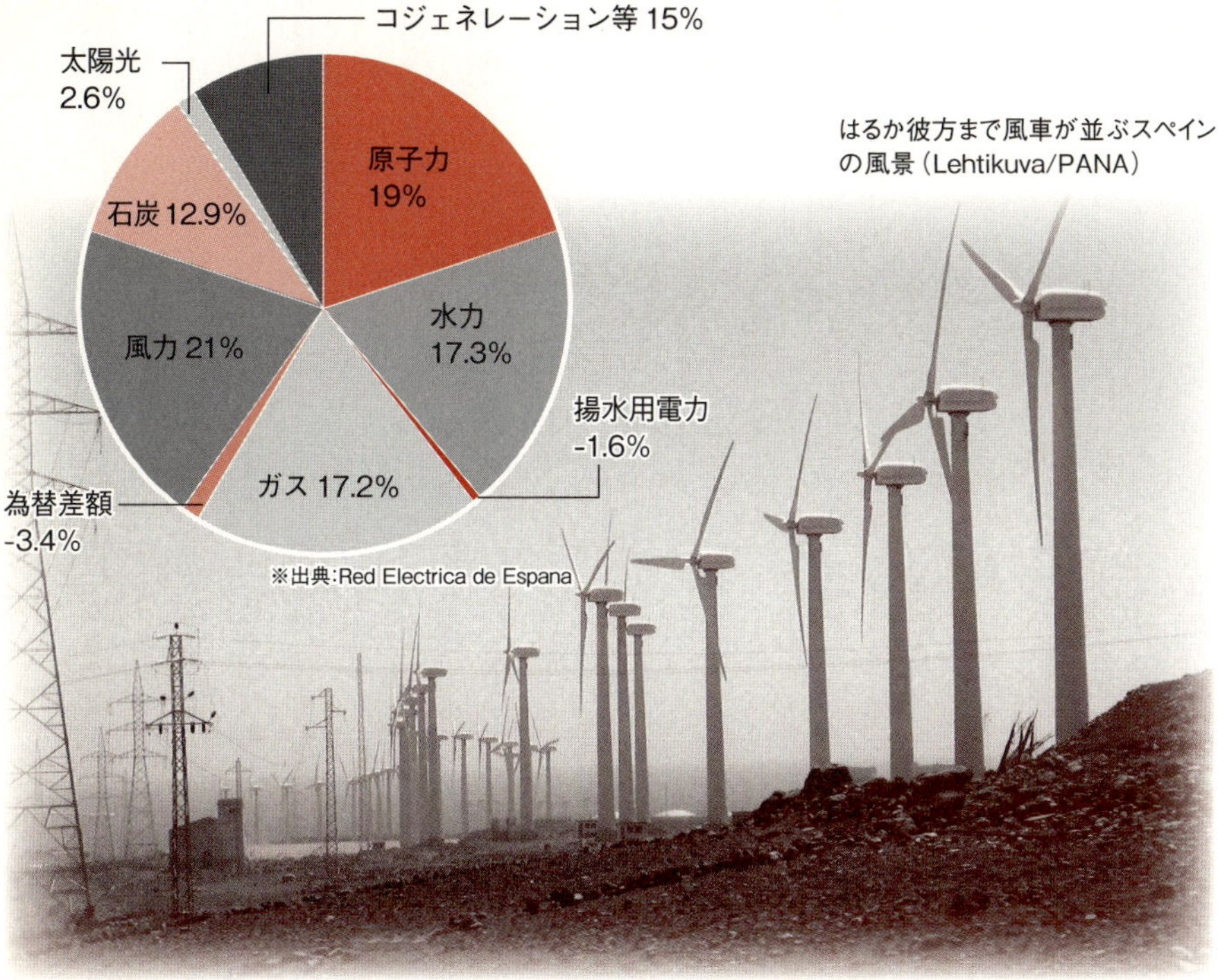

※出典：Red Electrica de Espana

はるか彼方まで風車が並ぶスペインの風景（Lehtikuva/PANA）

リスクを補い合えるからだ。

　もっとも、自然エネルギーの導入に、こうした国際協力が先行していたわけではない。各国が導入に動き、それぞれベストミックスを探るなかで、自然と協調が生まれたのだ。

　そして、そうした要請のあるところには、技術革新が必然的にシンクロするのが市場経済の一般的な姿である。この10年間で、大容量送電を可能にする「スーパーグリッド」は飛躍的な発展を遂げた。１本の送電線で遅れる電力は、３０００ｋＷから１２０万ｋＷへと４００倍に拡大しているのだ。

　島国である日本は隣国との相互融通は難しいが、南北に長く伸びた国土は、天候変化のリスクに対しては強いといえる。北国の風が吹かなくとも南国の太陽光がある。それがなくとも地熱やバイオマスがある、という具合だ。そのうえ、すでにスーパーグリッドの技術が完成していることで、「後発の利」も享受できる。やるならば、今しかないのだ。

風土によって大きく異なる自然エネルギーの利点と欠点

電力会社や経産省に普及を邪魔されてきた自然エネルギーだが、福島第一原発の事故の影響でにわかに注目が集まっている。風土によって異なる、その利点と欠点を知っておきたい。

普及の早さが見込める日本の太陽光発電

２００９年のデータでは、全世界での太陽光発電量は１１００万ｋＷで、２００８年比にして50％増加している。また、アメリカのファースト・ソーラー社は太陽光発電によって1年で１００万ｋＷを生産した初の会社となった。サウジアラビアでも２０１６年を目処に出力容量１００万ｋＷの太陽光発電所建造プロジェクトが動き始めている。

翻ってわが国でも、２００９年11月から始まった余剰電力に限った固定買取制度と、同じく２００９年に再開された住宅用太陽光発電設備への補助金制度によって、増加率28％と大幅に伸びた。発電設備の出荷量は１６６・８万ｋＷで、うち１００万ｋＷあまりが海外向けと、遅ればせながら、太陽光発電市場の活況から恩恵がもたらされ始めたと見られる。ちなみに、サウジアラビアの導入案件は東京大学とシャープが担っている。

日本の気象環境は、日照量の多い地中海沿岸や砂漠国に比べれば太陽光発電向きとはいえないが、ポテンシャルとしては2億１８０万ｋＷ（うち住宅設備７５３０万ｋＷ）の設備容量があるといった調査結果が出ている。日本では太陽光温熱機がかつて普及したように、国民の省エネ意識が高く、住宅での発電設備設置にも理解がある。全量買取制度などの政策面からの後押しがあれば、太陽光発電の普及はかなり早く進むだろう。

経済効率の点で優れた風力発電

２００８年から２００９年の間に新しく導入された全世界での風力発電の導入容量は３８００万ｋＷと過去最高の数字となった。商業化も順調で、ドイツは北海の洋上風力発電（海上での風力発電）を拡大する計画を推進中で、デンマークでは16万ｋＷ、イギリスでは30万ｋＷと、電力会社規模の風力発

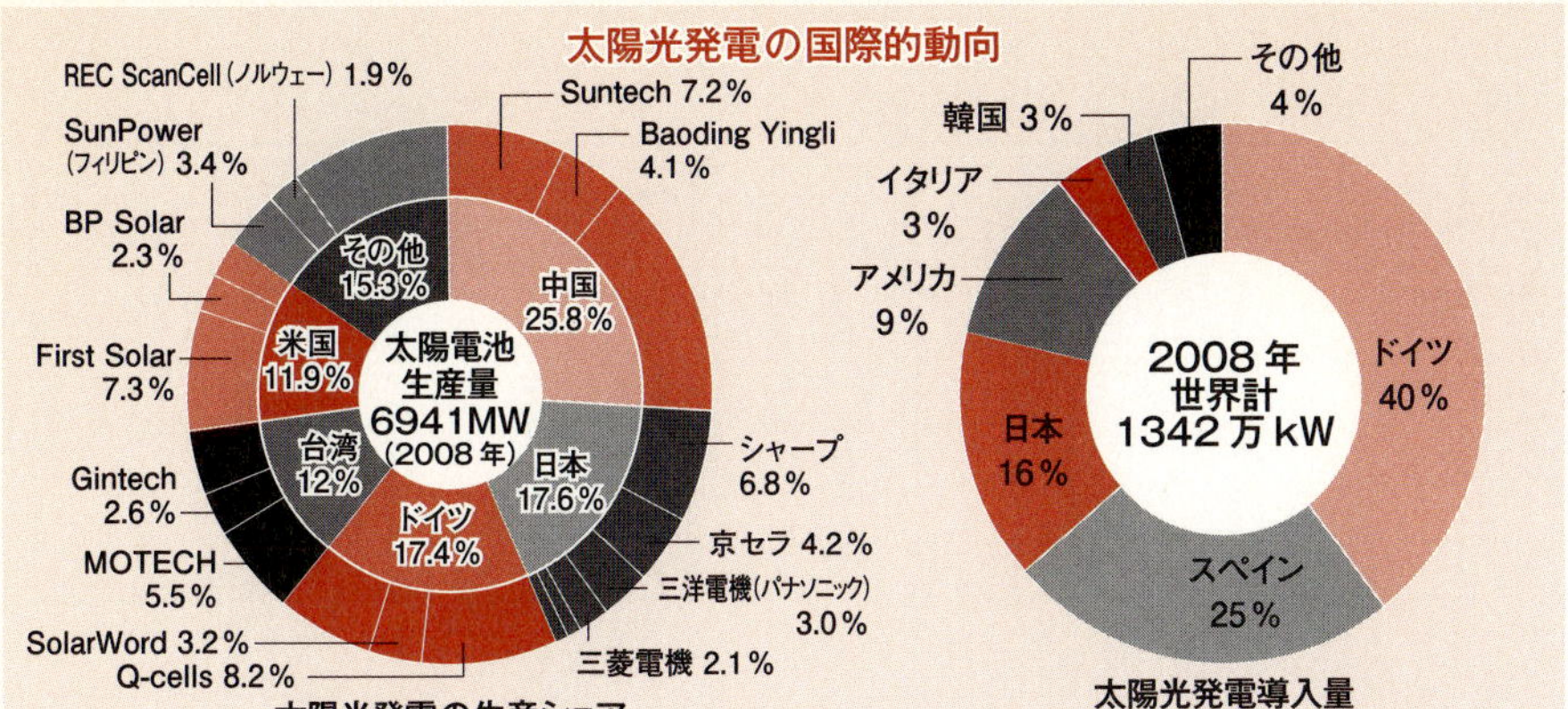

太陽光発電の生産シェア
※出典:PV News 2009.4　資源エネルギー庁資料

太陽光発電導入量
※出典:IEA Trends in Piatovoltaic Applications（2006）（資源エネルギー庁HP）

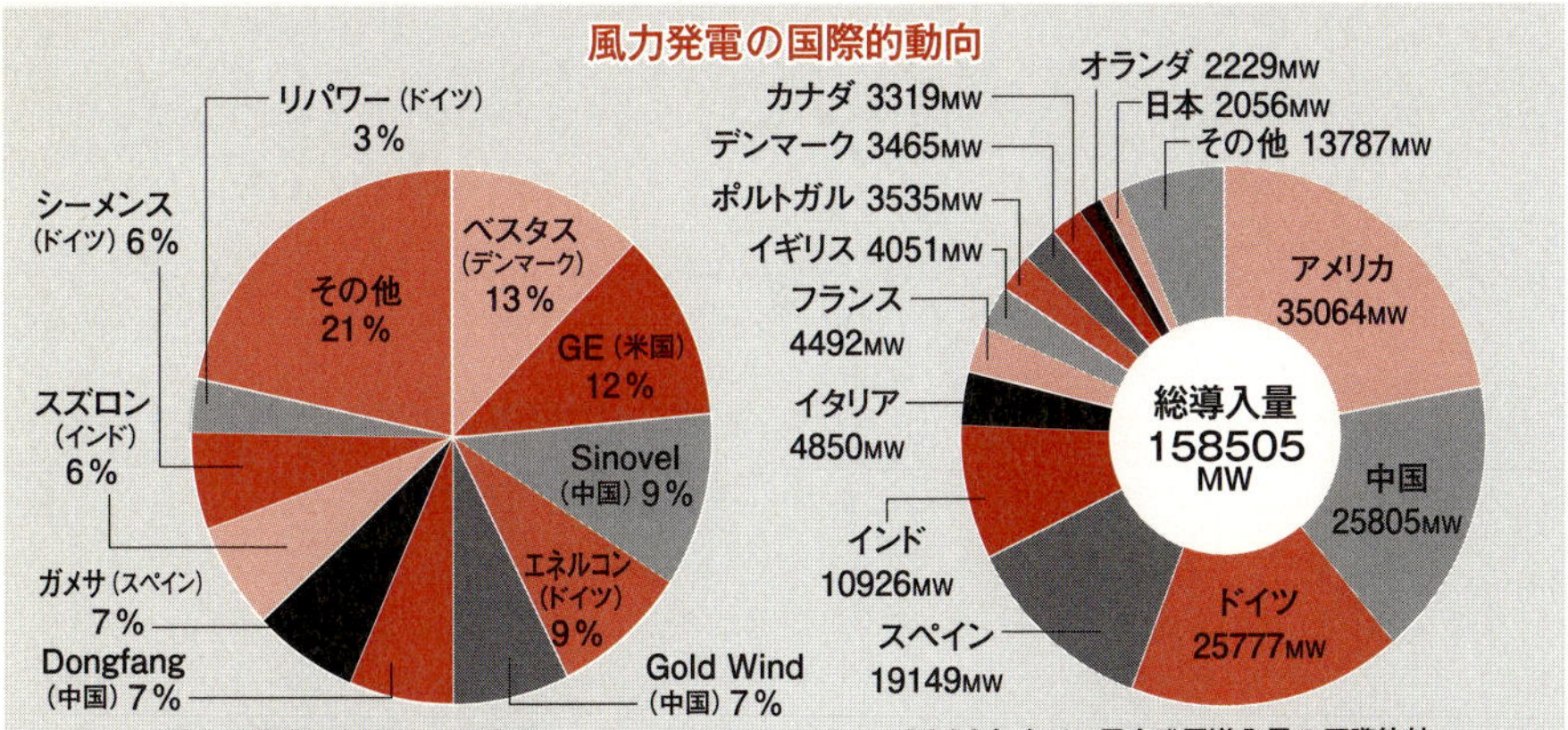

風力発電機のメーカー別世界シェア（2009年）
※出典:REN21『自然エネルギー世界白書2010』

2009年までの風力発電導入量の国際比較（2009年）
※出典:GWEC. Global Wind 2009 Report

電所が次々に稼働している。このような潮流のなか、各国での伸びも驚異的で、全電源に占める割合も、ドイツでは6・5%、スペインでは14%になった。

日本では2010年末の設備容量は230・4万kWで、特に安定風力を確保しやすい東北、北海道、九州で盛んに導入されている。しかし、これを系統連結するのを嫌う電力会社の一方的な制約により、募集容量が低く抑えられ、風力発電事業者は抽選や入札でしか参加できなくなっている。電力会社が風力発電の事業化をあからさまに妨害しているのが実態だ。

日本の国土を考えると、陸上風力のポテンシャルは平均風速6・5m／秒の地域で1億6890万kWだが、これを洋上に求めると最大で6億1332万kWと、日本の全発電設備容量を3倍も上回ることになる。

もちろん国土すべてを風力発電用地にはできないが、ポテンシャルの大きさは想像できるだろう。送電網の確保

※出典:「自然エネルギー白書2011」

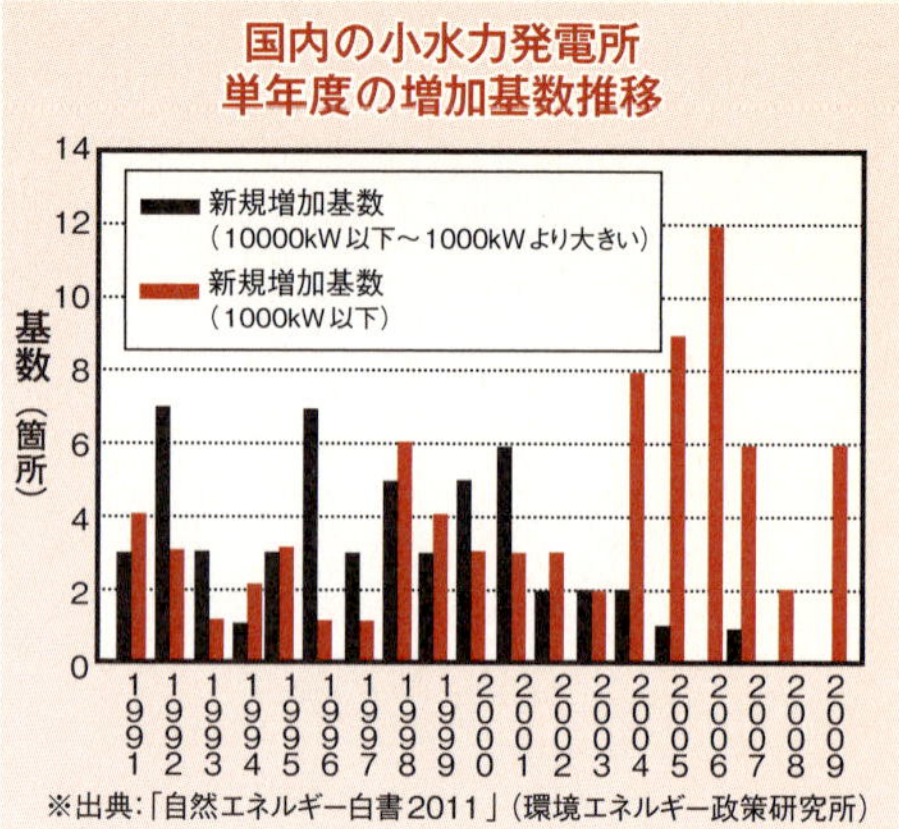

※出典:「自然エネルギー白書2011」（環境エネルギー政策研究所）

という阻害要因を除けば、普及のカギとなるのは、低周波騒音や野鳥への危険、台風対策などに関して、需要家に正しい知識を広めることだと思われる。

自然エネルギーのなかでは風力発電が最も経済効率に優れている。それだけに、地産地消の原則化やゾーニングといったきめ細やかな制度整備を急ぐべきだろう。

地域の特性を生かせる日本の小水力発電

民主党政権になり浮上した群馬県八ッ場ダムの建設問題のように、水力発電は環境破壊の代名詞として世界的にも低調である。一方で、環境負荷が少ない小水力発電（設備容量が1万kW以下）は有力なクリーンエネルギーとして人気を集めている。

2009年、世界の小水力発電容量は8500万kWにおよび、うち1300万kWはヨーロッパ、残りの大半は中国にある。特に中国は小水力発電の導入に熱心で、2005～08年にかけての時期だけでも、毎年300万～500万kWも導入している。

発電規模のスケールメリットを重視した日本では、小水力発電は盛んではなかったが、温室効果ガスの削減努力とRPS法（電気事業者による新エネルギーなどの利用に関する特別措置法。電力会社に自然エネルギーによって発電された電力を一定割合で買うよう義務づけた法律）の後押しがあり、2003年以降、電力会社を中心に真剣な取り組みが見られている。

国土の7割を山林が占め、降雨量に恵まれた日本は、小水力発電に関してはかなりのポテンシャルを持っている。一方で、水利権や建設費などクリアしなければならない課題が多いのも事実だ。しかし、市民参加型のおひさまファンドで運営されている「立山アルプス小水力発電事業」のように、地域の個性を生かした展開が期待される。

日本国内の自然エネルギーによる発電量の推計

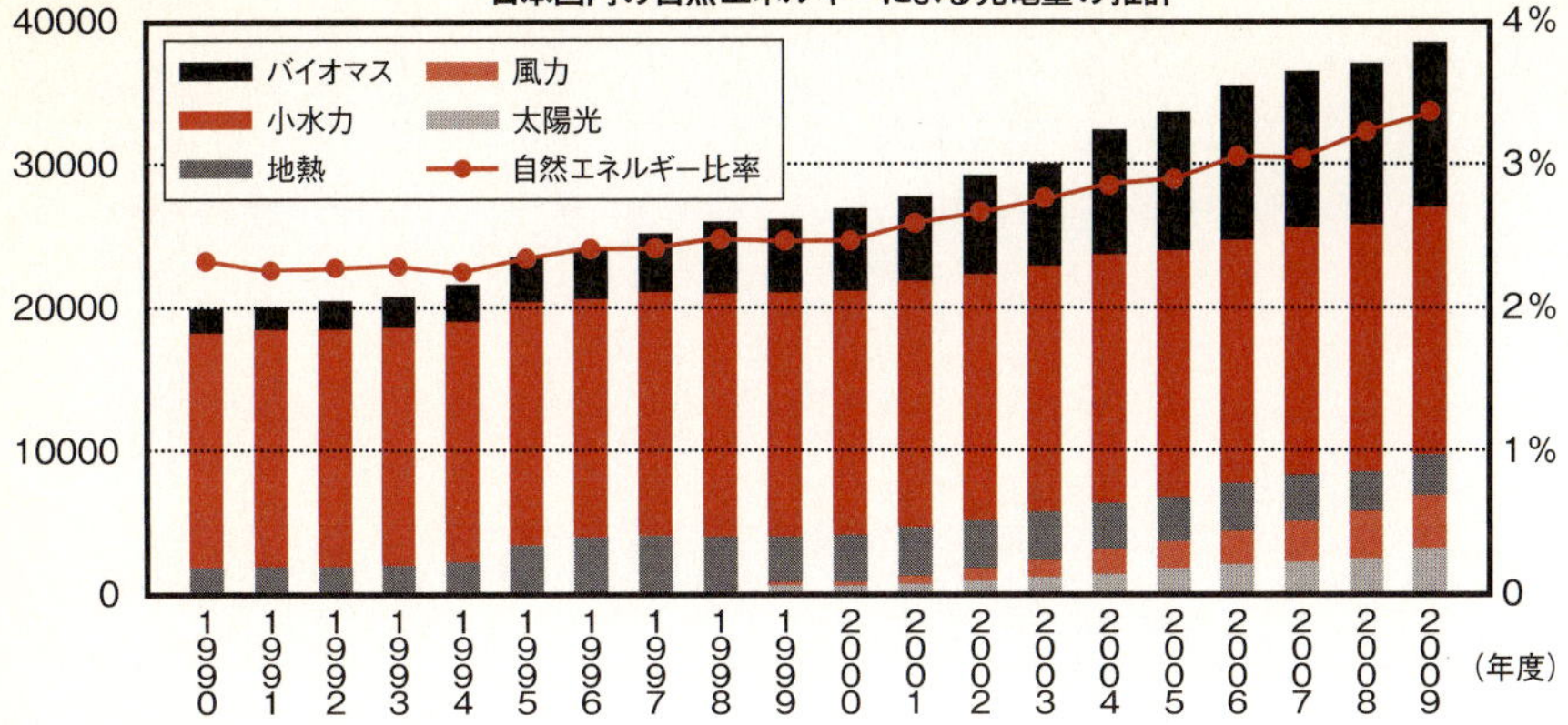

※出典：「自然エネルギー白書2011」

火山国日本と地熱・バイオマス発電

地下から噴出する蒸気でタービンをまわす地熱発電は、火山の多い日本では有望な自然エネルギーとして、石油ショック以後に普及が進んだ。しかし建設適地のなかには温泉地や国立公園もあり、そうしたエリアでの開発には課題もある。ちなみに世界有数の火山国アイスランドでは、地熱発電が電力供給の26・2％を占めている。この地熱発電を支えるのは三菱重工で、同社は地熱発電タービンのトップメーカーである。

生物由来の資源をエネルギーに変えるバイオマス発電も見ておこう。バイオマス発電といってもその範囲は多様だ。そのなかで、家畜糞尿や残飯、下水汚泥から取り出したメタンガスを燃料にする技術に人気が集まっている。また製糖工場、製紙工場は製造過程で生じる廃棄物を燃料とした自家発電設備を持っているのが一般的だ。

日本は２００９年末時点で３１５・９万ｋＷのバイオマス電力設備容量を持っているが、このうち92・6％は、実に廃棄物系発電が占めているのだ。新設、更新されるごみ処理場では発電設備も併設され、その電力は灰溶融などに使用されている。廃棄物系発電の場合、発電規模が大きいのが特徴で、たとえば東京二十三区清掃一部事務組合は、２０１１年夏の電力不足に際し、東電に９・６万ｋＷの電力を供出して話題になっている。

一方で、間伐材、製材廃材を使った木質バイオマスは、燃料収集コストがネックになり、日本での普及は難しいという指摘もある。しかし、ストーブの燃焼効率を上げる木質ペレットなど、熱利用の加工品として、間接的に電力消費を抑えられる。使い道の工夫次第で魅力的なエネルギーとなるだろう。

かつてはイスラエルと並ぶ「太陽熱大国」だった日本

欧州では電力とならぶエネルギー政策の柱となってきた「温熱政策」。太陽熱を温水に利用する「太陽熱温水システム」が有名だが、日本はその導入に過去、失敗してきた。

「電気ノコギリでバターを切るようなもの」

原発や火力発電の蒸気機関で電気を生み出す時は、必ず廃熱が出る。電気に変換される熱はせいぜい40%で、残り60%は廃熱となって放出されてしまう。それなのに人々は、電気を使って再び部屋を暖めている。電気式暖房器具のエネルギー効率は、概してきわめて悪い。

アメリカの著名なエネルギー学者、エイモリー・ロビンス氏はその非効率さを指して、「電気ノコギリでバターを切るようなものだ」といっている。

化石燃料などの燃焼を伴う発電システムの場合、発生する熱をきちんと暖房などに使えるシステムを付帯していないと、たいへんなムダが出る。

逆に言うと、家庭における太陽熱温水システムなどの利用を促し、暖房に電気を使うのを止めることで、エネルギー消費も劇的に削減できるのだ。しかし、「温熱政策」の欠落した日本のエネルギー行政においては、そのための意味ある取り組みがまったくといっていいほどなされてこなかった。

温熱政策とは、常温に近い温熱で賄える暖房や給湯に関する技術指針や施策のことで、欧州では電力と並ぶエネルギー政策の柱となってきた。たとえば、「ソーラーオブリゲーション」という制度がある。建物の新・改築時に温水需要の一定割合を太陽熱により供給することを法律で義務づけたもので、１９８０年にイスラエルが初めて取り入れた。ヨーロッパではスペインのバルセロナ市（２０００年）を皮切りに導入が拡大しており、市街地では太陽熱システムを屋根に美しく組み込んだ家を見ることが多くなった。

電力・ガス・石油の草刈り場に

かつては日本も、イスラエルと並ぶ「太陽熱大国」だった。しかし、太陽熱温水システムの設置台数は１９８０年の80万台をピークに急減。２０００年

太陽熱利用機器販売台数推移

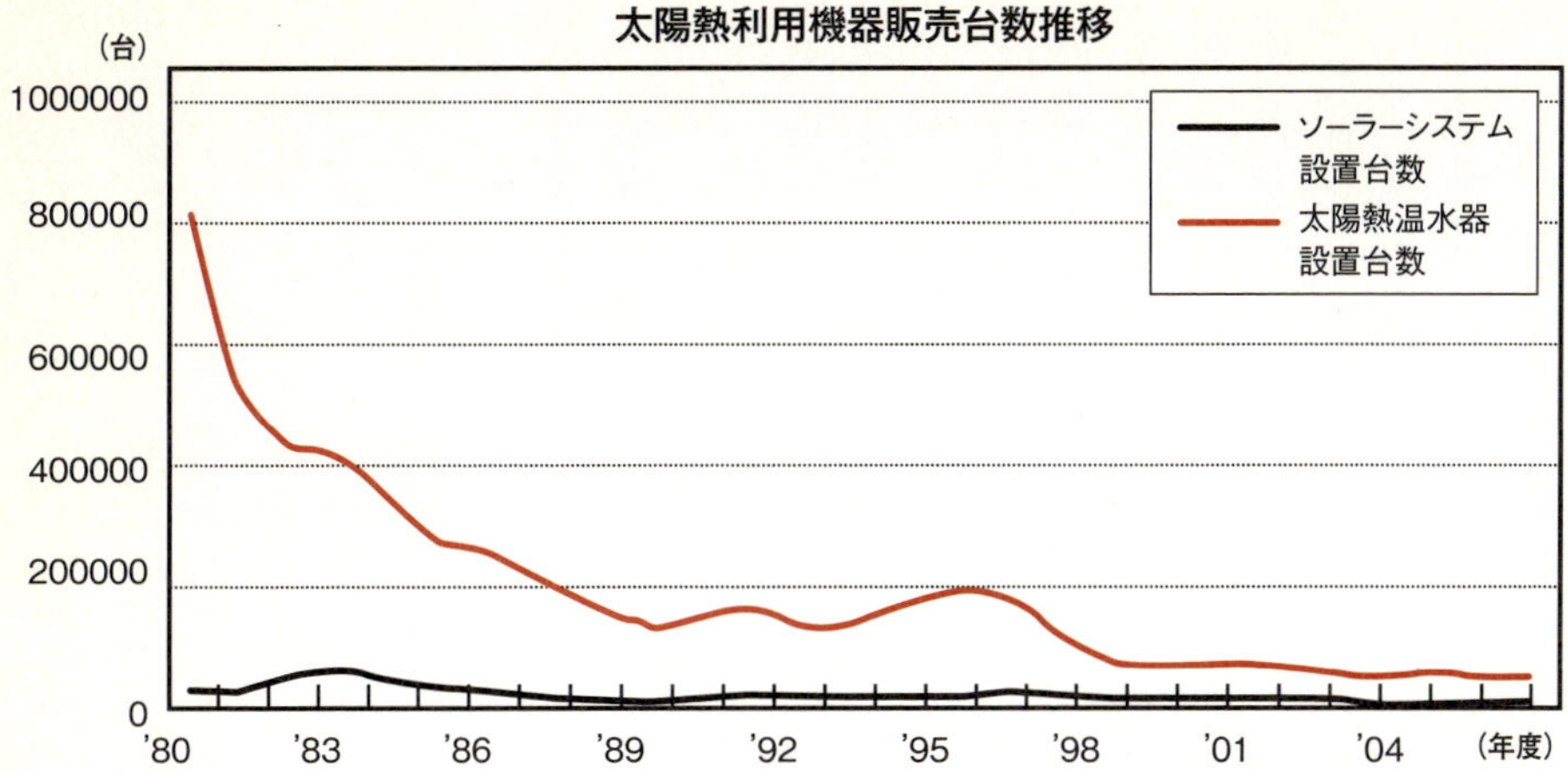

※参考:ソーラーシステム振興協会

群馬県太田市では、自然エネルギーの普及を目指す街づくりが試験的に行なわれている(ロイター／アフロ)

以降は年間数万台にとどまっており、今なお反転上昇の兆候は見られない。

設置台数の急減は、消費者の無知につけ込んだ押し売り型の商慣行が災いしたせいもあるが、やはり政府の無策の影響が大きい。日本では温熱政策が欠落しているがゆえに、家庭の暖房・給湯需要が電力会社やガス会社、石油会社の草刈り場となってきたのだ。

今後、脱原発社会を目指すうえでは、同時に大胆な省エネルギー政策を導入することが重要になる。枯渇性資源である化石エネルギーを大量に輸入し、温室効果ガスを排出しながら発電して浪費する仕組みを残していては、持続可能なエネルギー構造は実現できない。太陽熱のような「忘れられた資源」までムダなく使い、賢く快適に暮らす省エネルギー策が今こそ必要なのだ。

エネルギーシフトの第一歩は電力の「地産地消」から

地方で自然エネルギーの発電所建設が進んでいる。電力会社の送電網独占を打ち破らなければならないという課題はあるが、それを乗り越えれば、東北エリアの特産物が「電気」になる日が来るかもしれない。

自然エネルギー事業に続々と参入する企業

パナソニックは2011年5月、神奈川県藤沢市と共同で、同市内の自社工場跡地に1000戸規模の「スマートタウン」をつくると発表した。構想には東京ガス、パナホーム、三井不動産、三井物産なども参加している。

太陽光発電システムと家庭用蓄電池を全住宅、施設に標準で装備し、住宅には家庭用燃料電池、ヒートポンプ給湯器なども導入。スマートグリッドやスマートメーターを使ってエネルギー消費を最適に管理するという。

また、NTTドコモは携帯電話の基地局の鉄塔周辺に、2012年度から太陽光パネルや風力発電設備を設置。数年内に基地局で余った電力を外部に売る計画を立てている。

福島の原発事故を受けて、自然エネルギーに関心を寄せる企業がにわかに増えている。筆頭は、なんといってもソフトバンクだ。孫正義社長は6月24日の株主総会で、全国にメガソーラー(大規模太陽光発電所)を展開する必要性を力説。株主の賛同を得て、太陽光など自然エネルギーの発電と販売に乗り出すことを決めた。

こうした動きは、実は過去にもあった。10年ほど前には自動車メーカーと家電メーカーが共同で燃料電池開発を計画した。日の目を見ていないのは、電力会社の圧力に負けたからだともいわれている。

地方で電気をつくり大都市に高く売る

一方、時間をかけて着々と進んでいる試みもある。主体となっているのは、一部の地方自治体だ。筆頭格の東京都は、2007年度から「太陽エネルギー利用拡大連携プロジェクト」を実施している。目標は、数年で住宅への太陽エネルギー導入(100万kW規模)に道筋をつけるというもので、その先には「ソーラーオブリゲーション」(92ページ参照)も視野に入っている。

Fujisawa サスティナブル・スマートタウン構想

2011年5月26日に、パナソニックと共同8社が藤沢市とともに発表した街づくり構想。パナソニックの工場跡地6万坪を利用し、1000世帯規模の新しい街づくりを行なう。

スマートタウン
自然エネルギーの効率的な利用や利便性の高いサービスを享受。全住宅に太陽電池と蓄電池を装備し、省エネ家電をネットワークでつなぎ効率的に制御する。

＋

サスティナブルタウン
くらしと自然の調和がとれたサービスを享受。

Fujisawa サスティナブル・スマートタウンのイメージ。2013年度に街びらきが行なわれる予定（提供：パナソニック株式会社）

街づくりの基本コンセプト

街全体にエネルギーや情報を扱う多様な機器や設備を配置し、ネットワークで連携することで、「電力」「熱」「情報ネットワーク」が最適につながる街に。

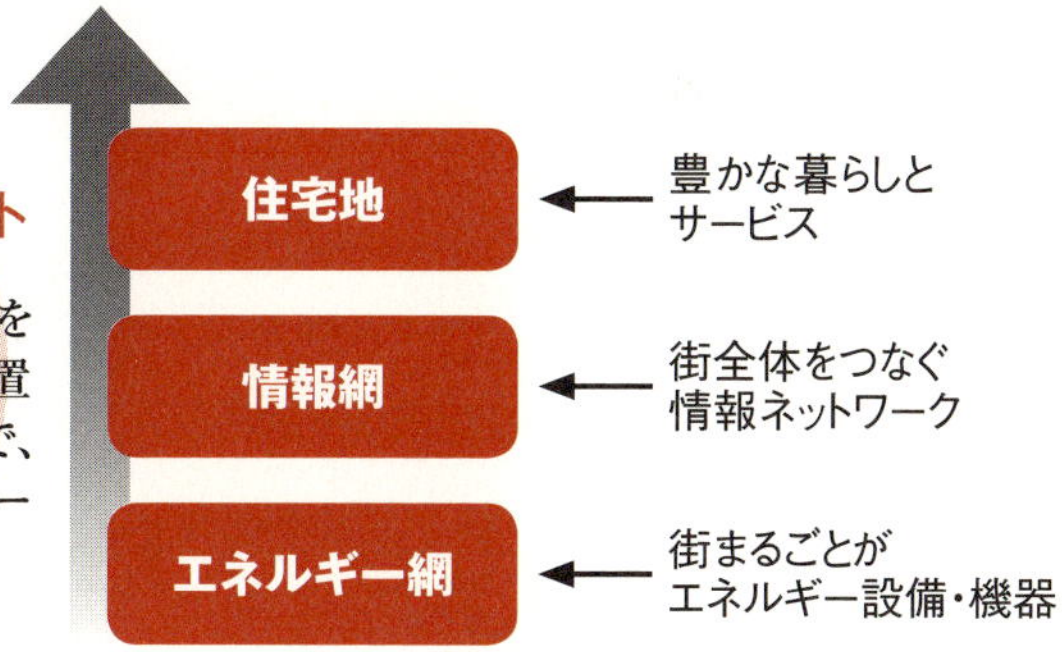

そして特筆すべきは、地方における取り組みだ。たとえば、秋田県には、風力発電を1000基建設する構想がある。仮にこれが完成すると、その電力の売り上げは、秋田県の米の出荷額1年分（800～1000億円）に匹敵する。同県の全世帯の光熱費も毎年約1000億円だが、光熱費はすべて東北電力のある仙台へと出て行ってしまっていた。しかし、秋田県内で地域の発電事業が始まり、エネルギーが「地産地消」されることで、その1000億は県の経済を潤すことになる。あるいは大都市圏に電力を高く売ることで、貴重な県外収入を稼げるかもしれない。

この展望は、中央と地方の経済格差を是正するうえでも魅力的だ。発送電分離など課題はあるが、地域で実績が積み上がれば、国を改革へと突き動かす大きな圧力になるのは間違いない。

飯田哲也　いいだ・てつなり

1959年山口県生まれ。京都大学大学院工学部原子核工学専攻修了、東京大学大学院先端科学技術研究センター博士課程単位取得満期退学。現在、環境エネルギー政策研究所所長。自然エネルギーの政策と実践で、国際的に活躍する第一人者。著書に『自然エネルギー市場』（編著、築地書館）、『北欧のエネルギーデモクラシー』（新評論）、共著に『原発社会からの離脱　自然エネルギーと共同体自治に向けて』（宮台真司氏との共著、講談社現代新書）、『「原子力ムラ」を超えて　ポスト福島のエネルギー政策』（佐藤栄佐久、河野太郎両氏との共著、NHK出版）など多数。

古賀茂明　こが・しげあき

1955年東京都生まれ。経済産業省大臣官房付。1980年、東京大学法学部を卒業後、通商産業省（現・経済産業省）に入省する。大臣官房会計課法令審査委員、産業組織課長、OECDプリンシパル・アドミニストレーター、産業再生機構執行役員、経済産業政策課長、中小企業庁経営支援部長などを歴任。08年、国家公務員制度改革推進本部事務局審議官に就任。09年末の審議官退任後も省益を超えた政策を発信し続けた。著書に『日本中枢の崩壊』（講談社）など。

大島堅一　おおしま・けんいち

1967年福井県生まれ。立命館大学国際関係学部教授。92年、一橋大学社会学部卒業、97年同大学大学院経済学研究科博士課程単位取得、経済学博士（一橋大学）。08年より現職。専門は環境経済学、環境・エネルギー政策論。著書に『再生可能エネルギーの政治経済学』（東洋経済新報社）など。

原発がなくても電力は足りる！

2011年9月3日　第1刷発行

監　修　飯田哲也
発行人　蓮見清一
発行所　株式会社宝島社
〒102-8388
東京都千代田区一番町25番地
電話　（営業）03-3234-4621
　　　（編集）03-3239-0646
http://tkj.jp
郵便振替＝00170-1-170829　㈱宝島社
印刷・製本　図書印刷株式会社

ISBN978-4-7966-8559-7